W0305155

Heike Homrighausen, Carola Rusch

200 Matheübungen wie in der Schule 5–10

Bruchrechnung · Prozentrechnung · Zinsrechnung

Klett Lerntraining

Die Übungen wurden geschrieben von
Carola Rusch: Bruchrechnung
Heike Homrighausen: Prozent- und Zinsrechnung

Bibliografische Information der Deutschen Nationalbibliothek
Die Deutsche Nationalbibliothek verzeichnet diese Publikation in der Deutschen Nationalbibliografie; detaillierte bibliografische Daten sind im Internet über http://dnb.d-nb.de abrufbar.

Das Werk und seine Teile sind urheberrechtlich geschützt. Jede Nutzung in anderen als den gesetzlich zugelassenen Fällen bedarf der vorherigen schriftlichen Einwilligung des Verlages.
Hinweis zu § 52a UrhG: Weder das Werk noch seine Teile dürfen ohne eine solche Einwilligung eingescannt und in ein Netzwerk eingestellt werden. Dies gilt auch für Intranets von Schulen und sonstigen Bildungseinrichtungen.
Fotomechanische Wiedergabe nur mit Genehmigung des Verlages.

Auflage 4 3 2 1 | 2016 2015 2014 2013
Die letzten Zahlen bezeichnen jeweils die Auflage und das Jahr des Druckes.

© Klett Lerntraining GmbH, Stuttgart 2013. Alle Rechte vorbehalten.
www.klett.de/lernhilfen
Umschlaggestaltung: Sabine Kaufmann, Stuttgart
Umschlagfoto: Klett-Archiv, Stuttgart; Fotograf: Thomas Weccard, Ludwigsburg
Satz: DTP-Studio Andrea Eckhardt, Göppingen
Druck: Medienhaus Plump GmbH, Rheinbreitbach
Printed in Germany
ISBN 978-3-12-927286-2

9 783129 272862

Liebe Schülerin, lieber Schüler,

kennst du das: Du sollst eine Matheaufgabe lösen und weißt einfach nicht wie?
Dir rennt die Zeit davon und du hast noch nicht einmal einen Ansatz auf dem Papier stehen.
Eine sehr unangenehme Situation, die aber absolut vermeidbar ist. Denn das Lösen von Matheaufgaben ist eine Sache der Übung.

Dieses Buch bietet dir alles, was du für ein **zielgerichtetes** und **erfolgreiches** Training brauchst. **200 abwechslungsreiche Aufgaben** aus allen wichtigen Bereichen der Bruch-, Prozent- und Zinsrechnung helfen dir bei einer perfekten Vorbereitung auf den nächsten Test oder die nächste Leistungsüberprüfung.

In drei großen Kapiteln, geordnet nach den Klassen 5/6, 7/8 und 9/10, werden **alle wichtigen Themen** berücksichtigt.
Du kannst also bequem das Thema auswählen, mit dem ihr euch gerade in der Schule beschäftigt und zu diesem Thema das Lösen von Aufgaben üben. **Tipps und ausführliche Lösungen** helfen dir, deine Ergebnisse selbstständig zu überprüfen.

Schlechte Noten in Mathematik? Das war einmal, das wirst du bald sehen!

Viel Erfolg und Freude beim Üben wünschen dir
deine Redaktion Klett Lerntraining und deine Autorinnen!

Übungsnummer
Die Übungen sind von 1 – 200 durchnummeriert. Ausführliche Lösungen und Tipps findest du unter der jeweils gleichen Nummer ab S. 140.

Thema
Hier siehst du das Thema, zu dem die Übungen gehören.

Infozeile
Diese Zeile gibt an, was du in dieser Aufgabe genau übst.

Klassenangabe
Suche die Übung heraus, die zu deiner Klasse passen.

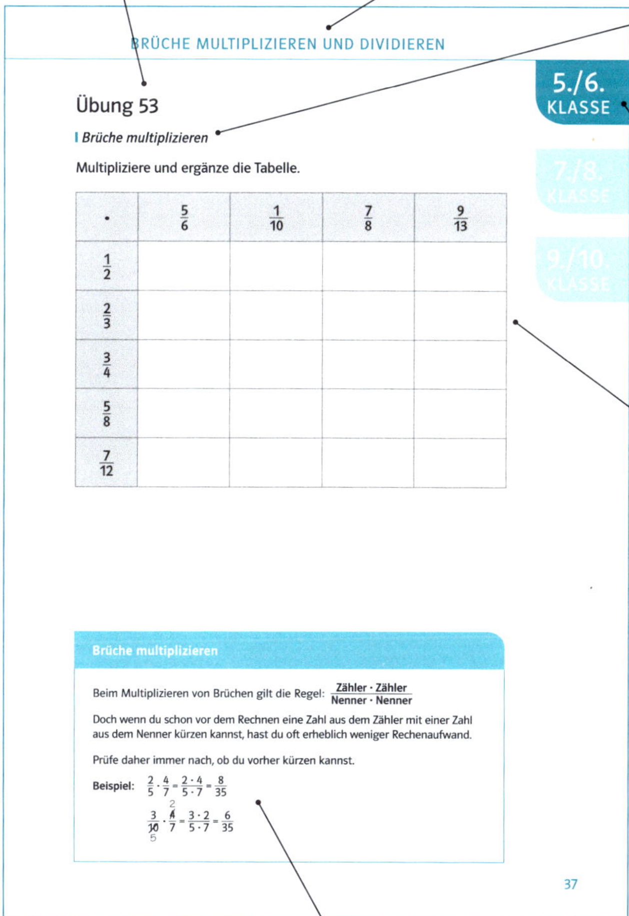

BRÜCHE MULTIPLIZIEREN UND DIVIDIEREN

5./6. KLASSE | 7./8. KLASSE | 9./10. KLASSE

Übung 53

Brüche multiplizieren

Multipliziere und ergänze die Tabelle.

$\cdot$	$\frac{5}{6}$	$\frac{1}{10}$	$\frac{7}{8}$	$\frac{9}{13}$
$\frac{1}{2}$				
$\frac{2}{3}$				
$\frac{3}{4}$				
$\frac{5}{8}$				
$\frac{7}{12}$				

Brüche multiplizieren

Beim Multiplizieren von Brüchen gilt die Regel: $\frac{\text{Zähler} \cdot \text{Zähler}}{\text{Nenner} \cdot \text{Nenner}}$

Doch wenn du schon vor dem Rechnen eine Zahl aus dem Zähler mit einer Zahl aus dem Nenner kürzen kannst, hast du oft erheblich weniger Rechenaufwand.

Prüfe daher immer nach, ob du vorher kürzen kannst.

Beispiel: $\frac{2}{5} \cdot \frac{4}{7} = \frac{2 \cdot 4}{5 \cdot 7} = \frac{8}{35}$

$\frac{3}{10} \cdot \frac{4}{7} = \frac{3 \cdot 2}{5 \cdot 7} = \frac{6}{35}$ (10 gekürzt zu 5, 4 gekürzt zu 2)

37

Aufgaben
Abwechslungsreiche Übungen fordern unterschiedliche Vorgehen von dir und lassen keine Langeweile aufkommen.

Tippkasten
Hier kannst du wichtige Formeln und Regeln oder Hilfestellungen nachlesen.

5./6. KLASSE

5./6. KLASSE

7./8. KLASSE

9./10. KLASSE

Übung 1

Anteile als Brüche darstellen

a)

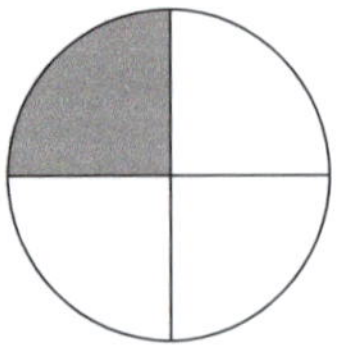

b)

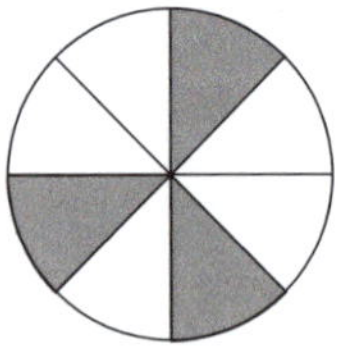

c)

d)

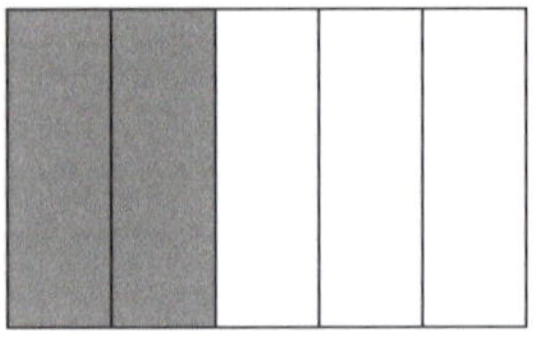

e)

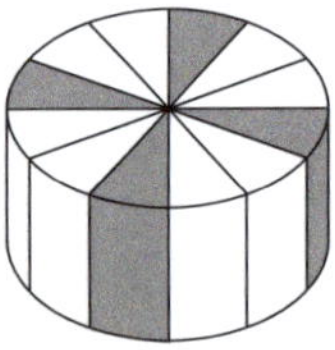

Was ist ein Bruch?

Ein Bruch besteht aus Zähler, Bruchstrich und Nenner.
Der Nenner nennt die Anzahl der **gleich großen** Stücke, in die ein Ganzes geteilt worden ist.
Der Zähler zählt die Anzahl der Stücke, die genommen werden sollen.

Beispiel:
Eine Torte ist in 12 gleich große Stücke aufgeteilt. Sind fünf Tortenstücke gegessen, dann sind $\frac{5}{12}$ der Torte weg.

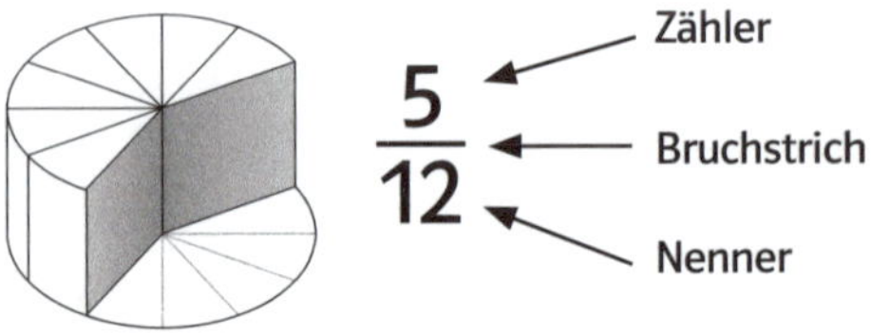

Übung 2

Anteile als Brüche darstellen

Ermittle jeweils den Anteil der Strecke $\overline{AB}$ an der Strecke $\overline{AC}$.

a) 

b) 

c) 

d) 

Übung 3

Anteile als Brüche darstellen

Überprüfe die Richtigkeit der folgenden Darstellungen und korrigiere. Erkläre, was an den fehlerhaften Darstellungen falsch ist.

a) 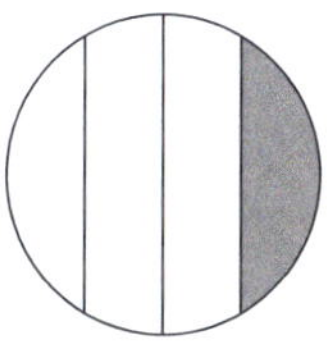 $\frac{1}{4}$

b) 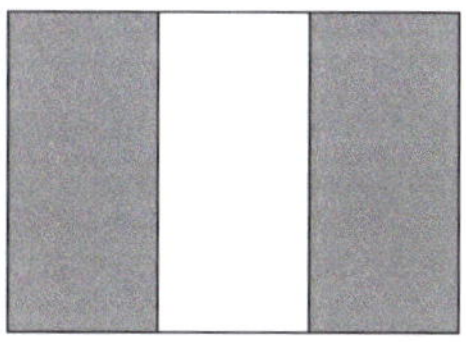 $\frac{2}{3}$

c) 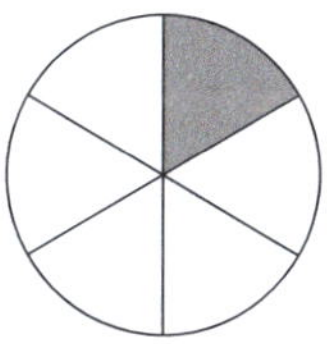 $\frac{6}{1}$

d) 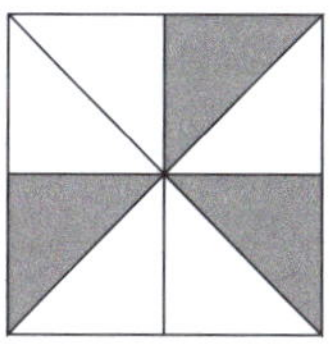 $\frac{3}{5}$

e) 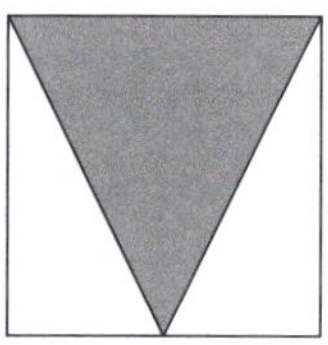 $\frac{1}{3}$

Übung 4

Bruchteile markieren

Färbe die angegebenen Bruchteile der Figuren bunt.

a)

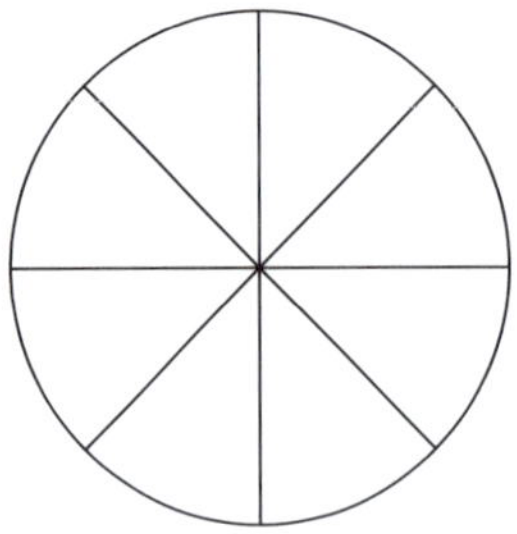

$\frac{1}{4}$

b)

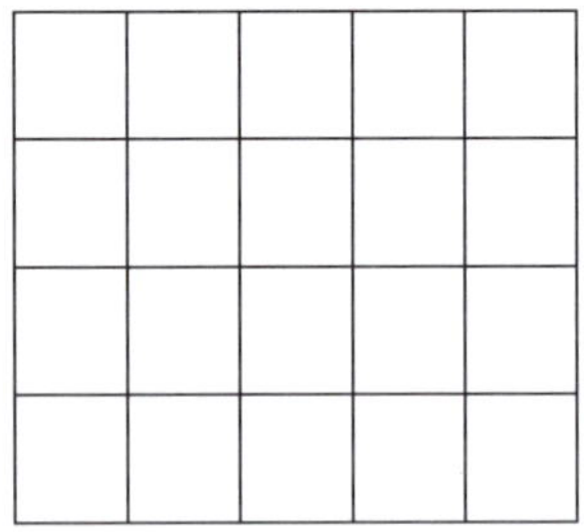

$\frac{2}{5}$

c)

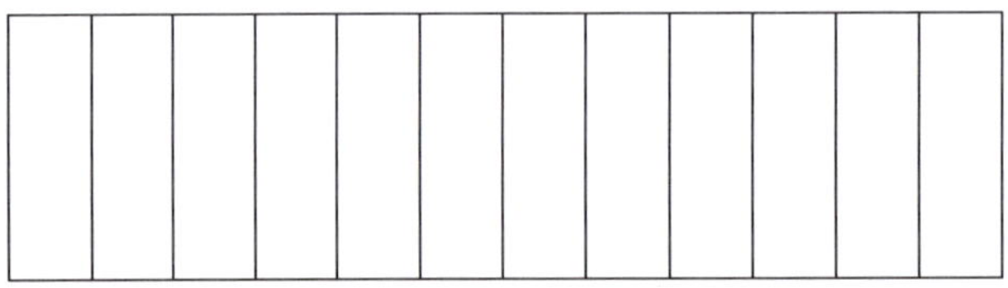

$\frac{5}{6}$

Übung 5

Bruchteile markieren

a) Markiere die Lage der folgenden Brüche auf dem Zahlenstrahl.

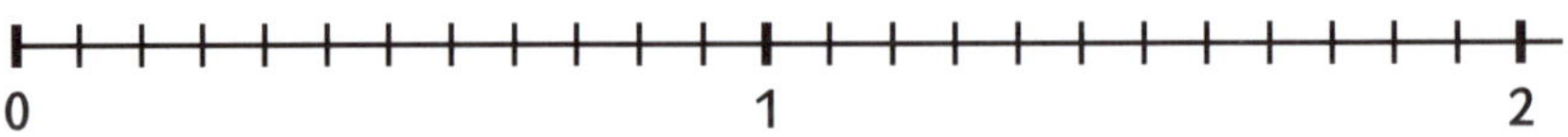

$\frac{1}{2}$; $\frac{2}{3}$; $\frac{5}{5}$; $\frac{3}{12}$; $\frac{3}{2}$; $\frac{11}{6}$; $\frac{2}{1}$

b) Welche Brüche liegen an den bezeichneten Stellen auf dem Zahlenstrahl?

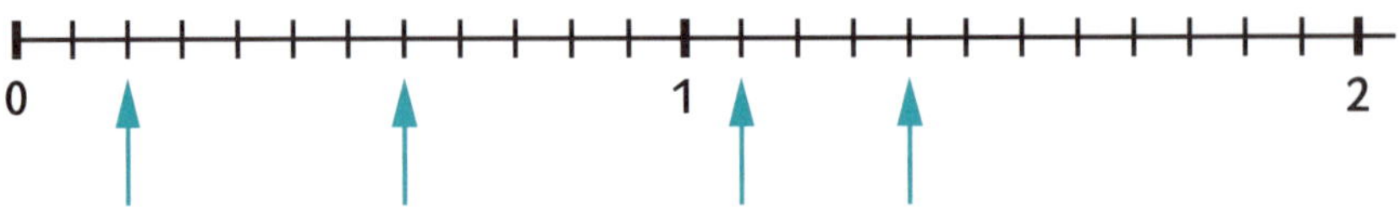

Übung 6

Bruchteile markieren

Unterteile die Flächen geeignet und stelle die angegebenen Bruchteile durch Färben der Teile dar.

a)

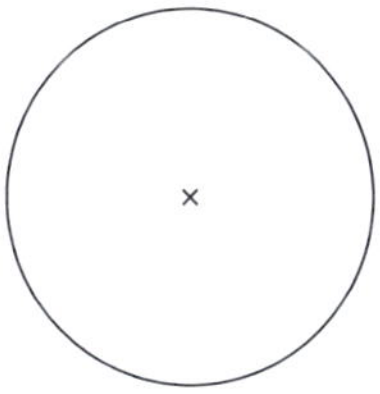

$\frac{2}{3}$

b)

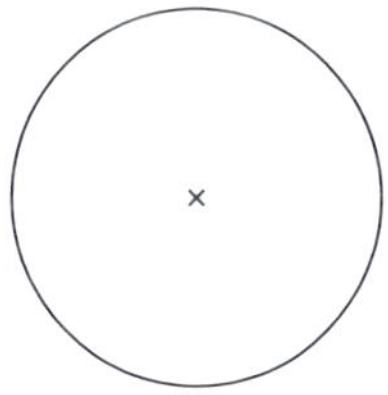

$\frac{1}{8}$

c)

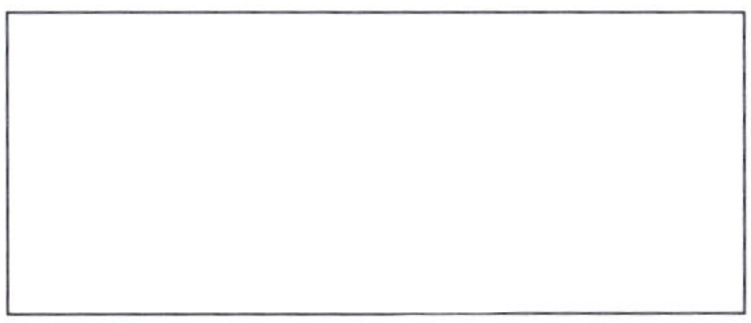

$\frac{3}{5}$

d)

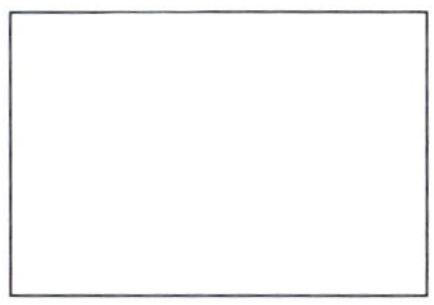

$\frac{5}{6}$

e)

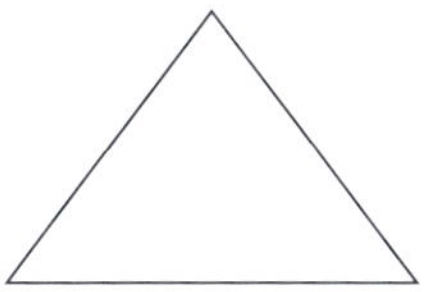

$\frac{1}{2}$

f)

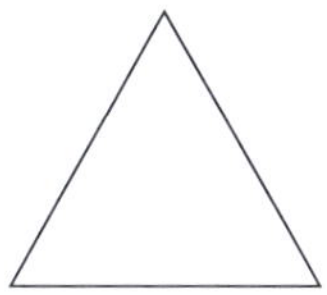

$\frac{3}{3}$

Übung 7

Bruchteile markieren

Trage jeweils den angegebenen Bruchteil der Strecke ab.

a) $\frac{2}{5}$

b) $\frac{2}{3}$

c) $\frac{1}{4}$

d) $\frac{5}{6}$

Übung 8

Bruchteile markieren

Färbe

a) $\frac{1}{3}$ der Sterne rot. b) $\frac{3}{5}$ der Sterne blau.

Übung 9

Figuren ergänzen

Hier sind Bruchteile eines Ganzen dargestellt. Ergänze jeweils zur ganzen Figur.

a)

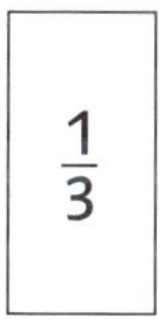

b)

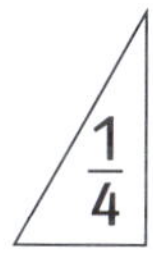

c)

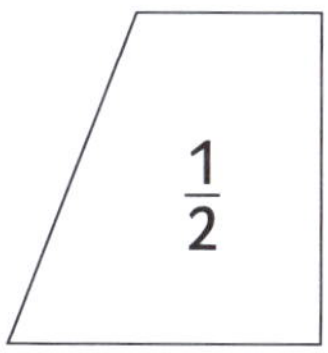

d)

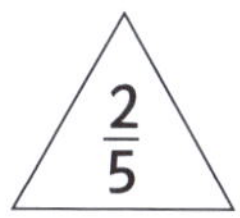

e)

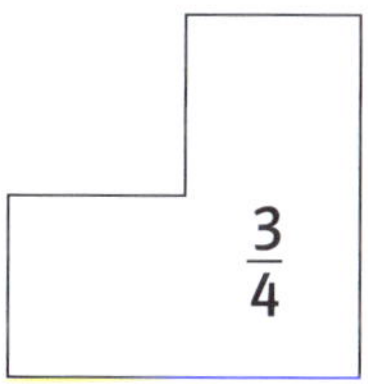

f)

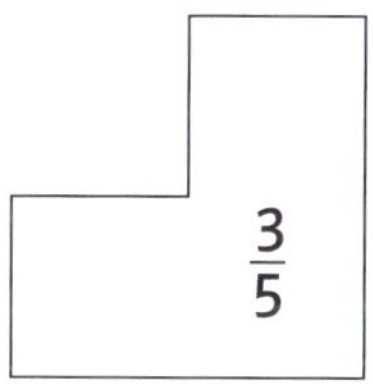

Übung 10

Anwendungsaufgabe – Anteile als Brüche darstellen

a) Der Klassenspiegel einer Mathearbeit sieht so aus:

1	2	3	4	5	6
3	5	8	6	2	0

Welcher Anteil der Klasse hat welche Note geschrieben?

b) Die Lehrerin ist sehr unzufrieden, da jeden Tag $\frac{1}{8}$ der Klasse keine Hausaufgaben gemacht hat.
Wie viele Schüler sind das?

Übung 11

Anwendungsaufgabe – Anteile als Brüche darstellen

Die DIN-Papierformate sind folgendermaßen aufgebaut:
DIN A4 ist ein halbes DIN A3-Blatt, DIN A5 ist ein halbes DIN A4-Blatt usw.

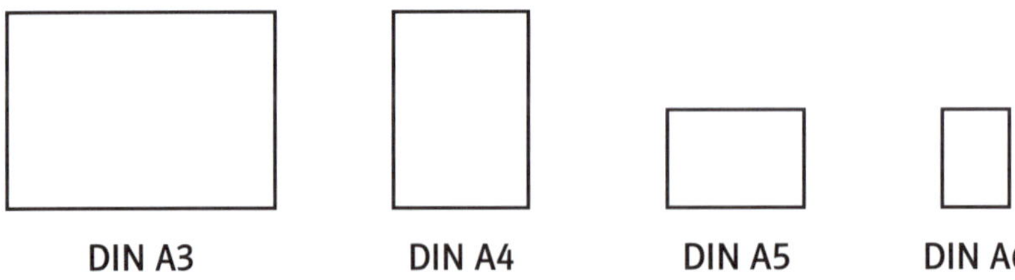

a) Welcher Bruchteil eines DIN A3-Blattes ist ein DIN A5 (A6, A8)-Blatt?

b) Welcher Bruchteil eines DIN A4-Blattes sind zwei DIN A7 (A8)-Blätter?

Übung 12

Anwendungsaufgabe – Anteile als Brüche darstellen

Berechne die Bruchteile der angegebenen Größen.

a) $\frac{1}{4}$ von 36 b) $\frac{3}{5}$ von 25 c) $\frac{7}{8}$ von 72

d) $\frac{2}{3}$ von 51 e) $\frac{3}{2}$ von 10 f) $\frac{4}{7}$ von 56

Übung 13

Einheiten umwandeln

Schreibe ohne Bruchzahl in der angegebenen Einheit.

a) in cm: $\frac{1}{2}$ m; $\frac{3}{10}$ m; $\frac{2}{50}$ m b) in g: $\frac{3}{5}$ kg; $\frac{1}{4}$ kg; $\frac{7}{20}$ kg

c) in ml: $\frac{3}{8}$ l; $\frac{3}{4}$ l; $\frac{1}{10}$ l

Übung 14

Einheiten umwandeln

a) Wie viele Minuten sind $\frac{1}{2}$ h; $\frac{3}{4}$ h; $\frac{2}{3}$ h; $\frac{5}{6}$ h; $\frac{2}{5}$ h?

b) Welcher Bruchteil einer Stunde sind 3 min, 17 min, 35 min, 20 min?

c) Gib in Minuten und Stunden an: 25 s, 30 s, 330 s.

Bruchteile von Größen bestimmen

1. Der Nenner gibt an, in wie viele gleich große Teile die Größe zerlegt wird. **Teile** also **die Größe durch den Nenner** und du erhältst die Größe „eines Teils".
2. **Multipliziere** die Größe des „Teils" mit der **Zahl des Zählers**.

5./6. KLASSE

7./8. KLASSE

9./10. KLASSE

Übung 15

Das Ganze bestimmen

Wie viel ist jeweils ein Ganzes?

a) $\frac{1}{3}$ sind 8.
b) $\frac{2}{5}$ sind 6.
c) $\frac{4}{7}$ sind 16.
d) $\frac{5}{6}$ sind 60.
e) $\frac{3}{4}$ sind 75.
f) $\frac{3}{2}$ sind 15.

Übung 16

Anwendungsaufgabe

Schokoküsse gibt es in 24er-Packungen mit drei Sorten: Vollmilch, Zartbitter und weiße Schokolade.

a) Wie viele Schokoküsse von jeder Sorte befinden sich bei gleichmäßiger Aufteilung in einer Packung?

b) Tim mag am liebsten die Sorte Zartbitter. Er wünscht sich deshalb eine Packung mit $\frac{2}{3}$ Zartbitter und gleichmäßigen Anteilen der anderen Sorten.
Kann es eine solche Packung geben?
Welchen Anteil an der gesamten Packung hätten in diesem Fall die Schokoküsse mit weißer Schokolade?

Bruchteile von Größen – das Ganze ist gesucht

1. Bestimme die Größe von einem Teil. **Teile** dazu **das Stück durch den Zähler**.
2. **Multipliziere** den Wert von einem Teil mit dem **Nenner** (der Anzahl der Stücke).

Beispiel: $\frac{2}{3}$ sind 8.
1. $8 : 2 = 4$
2. $4 \cdot 3 = 12$

Das Ganze ist also 12.

Übung 17

Anwendungsaufgabe

Ein bekannter Lebensmittel-Discounter hat ein Rezeptheft mit Zutaten aus der eigenen Produktpalette herausgegeben. In diesem Heft findet sich im Rezept für Schweine-Medaillons „Cowboy" folgende Angabe: 75 ml Grillsauce „Schaschlik" ($\frac{1}{4}$ der Flasche).

In welcher Flaschengröße wird die Grillsauce „Schaschlik" dort verkauft?

Übung 18

Anwendungsaufgabe

Michael Schumacher gilt als der erfolgreichste Formel-1-Fahrer aller Zeiten.
Nach Ende der Saison 2003 hatte er 194 Rennen absolviert und folgende Superlative erreicht:

Podestplätze:	122
Siege:	70
Zweite Plätze:	34
Pole-Positions:	55

Gib die Anteile der Podestplätze, Siege, zweiten Plätze und Pole-Positions an.

Übung 19

Brüche mit einer angegebenen Zahl erweitern

Erweitere die Brüche jeweils mit der oben stehenden Zahl.

	2	3	5	8	10
$\frac{1}{2}$					
$\frac{2}{3}$					
$\frac{5}{8}$					
$\frac{7}{10}$					
$\frac{6}{15}$					
$\frac{3}{20}$					
$\frac{4}{9}$					

Erweitern von Brüchen

Beim Erweitern von Brüchen werden Zähler und Nenner mit der gleichen (von Null verschiedenen) Zahl multipliziert.
Der Wert des Bruches ändert sich dadurch nicht.

Beispiel: Erweitere $\frac{2}{5}$ mit 3.

Multipliziere Zähler und Nenner mit 3. $\frac{2 \cdot 3}{5 \cdot 3} = \frac{6}{15}$

Übung 20

Brüche auf einen angegebenen Nenner erweitern

Erweitere die Brüche auf den jeweils angegebenen Nenner.

a) 10: $\frac{3}{2}$; $\frac{1}{5}$; $\frac{6}{1}$; $\frac{4}{5}$

b) 12: $\frac{5}{6}$; $\frac{1}{2}$; $\frac{2}{3}$; $\frac{7}{4}$

c) 24: $\frac{3}{4}$; $\frac{5}{8}$; $\frac{23}{12}$; $\frac{15}{6}$

Übung 21

Brüche auf einen angegebenen Nenner erweitern

Erweitere die angegebenen Brüche auf den Nenner 100.

a) $\frac{1}{4}$

b) $\frac{1}{2}$

c) $\frac{17}{20}$

d) $\frac{24}{25}$

e) $\frac{1}{50}$

f) Wie könnte man die entstandenen Brüche auch anders ausdrücken?

Übung 22

Erweiterungszahl finden und erweitern

An der Tafel stehen gelöste Erweiterungsaufgaben aus der vergangenen Mathestunde. In der Pause hat ein Schüler ein paar Zahlen weggewischt. Kannst du die Aufgaben wieder vervollständigen?

$\frac{5}{8} = \frac{15}{\_\_}$

$\frac{1}{2} = \frac{\_\_}{4}$

$\frac{2}{3} = \frac{\_\_}{12} = \frac{24}{\_\_}$

$\frac{3}{5} = \frac{6}{\_\_} = \frac{18}{\_\_}$

$\frac{7}{10} = \frac{35}{\_\_} = \frac{\_\_}{100}$

Übung 23

Brüche auf den Hauptnenner erweitern

Erweitere auf den Hauptnenner.

a) $\frac{1}{2}$ und $\frac{2}{3}$ ____________________

b) $\frac{3}{4}$ und $\frac{1}{8}$ ____________________

c) $\frac{1}{4}$ und $\frac{5}{6}$ ____________________

d) $\frac{7}{8}$ und $\frac{15}{12}$ ____________________

e) $\frac{3}{5}$ und $\frac{1}{6}$ ____________________

f) $\frac{12}{15}$ und $\frac{11}{20}$ ____________________

Übung 24

Brüche auf den Hauptnenner erweitern

Erweitere auf den Hauptnenner.

a) $\frac{7}{10}$; $\frac{6}{15}$; $\frac{3}{20}$ HN: ________

____

b) $\frac{5}{8}$; $\frac{1}{6}$; $\frac{11}{12}$ HN: ________

____

c) $\frac{5}{6}$; $\frac{2}{5}$; $\frac{7}{10}$ HN: ________

____

d) $\frac{7}{12}$; $\frac{1}{36}$; $\frac{5}{18}$ HN: ________

____

e) $\frac{4}{7}$; $\frac{2}{3}$; 10 HN: ________

____

5./6. KLASSE

7./8. KLASSE

9./10. KLASSE

Übung 25

Brüche durch eine angegebene Zahl kürzen

Kürze, wenn möglich, mit der jeweils angegebenen Zahl.

a) 2: $\frac{8}{14}$ ______________________

b) 3: $\frac{3}{6}$ ______________________

c) 5: $\frac{12}{10}$ ______________________

d) 10: $\frac{120}{70}$ ______________________

e) 9: $\frac{72}{9}$ ______________________

Eine Aufgabe ist nicht möglich. Welche?
Lässt sich dieser Bruch mit einer anderen Zahl kürzen? Wenn ja, mit welcher und was ist das Ergebnis?

Kürzen von Brüchen

Beim Kürzen von Brüchen werden Zähler und Nenner durch die gleiche (von Null verschiedene) Zahl dividiert.
Der Wert des Bruches ändert sich dadurch nicht.

Beispiel: Kürze $\frac{6}{15}$ mit 3.
Dividiere Zähler und Nenner durch 3. $\frac{6:3}{15:3} = \frac{2}{5}$

Häufig muss ein Bruch vollständig gekürzt werden. Ein vollständig gekürzter Bruch kann nicht weiter gekürzt werden.

Beispiel: Kürze $\frac{28}{42}$ vollständig.
Dividiere Zähler und Nenner schrittweise immer durch die gleiche Zahl. $\frac{28}{42} = \frac{28:2}{42:2} = \frac{14}{21} = \frac{14:7}{21:7} = \frac{2}{3}$

Übung 26

Kürzungszahl bestimmen

Mit welcher Zahl wurde hier gekürzt?

a) $\frac{10}{22} = \frac{5}{11}$ ________

b) $\frac{24}{42} = \frac{4}{7}$ ________

c) $\frac{12}{75} = \frac{4}{25}$ ________

d) $\frac{99}{121} = \frac{9}{11}$ ________

e) $\frac{52}{91} = \frac{4}{7}$ ________

Übung 27

Vollständig kürzen

Kürze so weit wie möglich.

a) $\frac{5}{15}$

b) $\frac{60}{90}$

c) $\frac{35}{75}$

d) $\frac{18}{30}$

e) $\frac{36}{48}$

f) $\frac{34}{39}$

Übung 28

Kürzungszahl bestimmen und kürzen

Ergänze die Lücken.

a) $\frac{2}{10} = \frac{1}{\square}$

b) $\frac{36}{24} = \frac{\square}{12} = \frac{9}{\square}$

c) $\frac{12}{32} = \frac{3}{\square}$

d) $\frac{60}{45} = \frac{\square}{9} = \frac{4}{\square}$

Übung 29

Erweitern und Fehler beim Kürzen finden

Welche Aufgaben sind richtig, welche falsch? Kreuze richtige an, korrigiere falsche.

a) $\frac{1}{5} = \frac{1}{10}$ ☐ ____________________

b) $\frac{2}{3} = \frac{6}{9}$ ☐ ____________________

c) $\frac{15}{20} = \frac{5}{4}$ ☐ ____________________

d) $30 = 60$ ☐ ____________________

e) $\frac{72}{81} = \frac{8}{9}$ ☐ ____________________

f) $\frac{3}{9} = \frac{0}{3} = 0$ ☐ ____________________

Übung 30

Brüche gleichnamig machen

Mache gleichnamig.

a) $\frac{13}{5}$ und $\frac{22}{25}$

b) $\frac{21}{45}$ und $\frac{9}{30}$

c) $\frac{4}{21}$ und $\frac{2}{15}$

d) $\frac{3}{20}$ und $\frac{5}{28}$

Übung 31

Brüche gleichnamig machen

Bestimme den Hauptnenner und gib für jeden Bruch die Erweiterungszahl an.

		Hauptnenner	Erweiterungszahlen
a)	$\frac{3}{10}$ und $\frac{11}{15}$		
b)	$\frac{13}{24}$ und $\frac{17}{18}$		
c)	$\frac{3}{7}$ und $\frac{5}{12}$		
d)	$\frac{21}{52}$ und $\frac{6}{13}$		

Übung 32

Gleichwertige Brüche durch Kürzen finden

Finde gleiche Brüche.

$\frac{10}{15}$ $\frac{6}{8}$ $\frac{12}{28}$ $\frac{28}{35}$ $\frac{15}{20}$ $\frac{32}{40}$ $\frac{45}{72}$ $\frac{12}{18}$

$\frac{6}{9}$ $\frac{18}{42}$ $\frac{12}{15}$ $\frac{20}{32}$ $\frac{14}{21}$ $\frac{27}{36}$

$\frac{21}{49}$ $\frac{15}{24}$ $\frac{12}{16}$ $\frac{35}{56}$ $\frac{20}{25}$ $\frac{3}{7}$

Übung 33

Brüche vergleichen

Ergänze >, < oder =.

a) $\frac{1}{3}$ ☐ $\frac{2}{5}$

b) $\frac{3}{4}$ ☐ $\frac{11}{16}$

c) $\frac{2}{7}$ ☐ $\frac{3}{8}$

d) $\frac{10}{12}$ ☐ $\frac{15}{18}$

e) $\frac{7}{8}$ ☐ $\frac{10}{12}$

f) $\frac{9}{30}$ ☐ $\frac{18}{60}$

Übung 34

Brüche vergleichen – Tipps und Tricks

Sortiere, indem du jeweils abschätzt, ob der Bruch größer oder kleiner als $\frac{1}{4}$, $\frac{1}{3}$ oder $\frac{1}{2}$ ist.

Beispiel: $\frac{3}{8}$ und $\frac{7}{12}$

$\frac{3}{8} < \frac{1}{2}$, denn $\frac{4}{8} = \frac{1}{2}$ und $\frac{7}{12} > \frac{1}{2}$, denn $\frac{6}{12} = \frac{1}{2}$

Also: $\frac{3}{8} < \frac{7}{12}$

a) $\frac{7}{20}$ und $\frac{17}{30}$

b) $\frac{27}{100}$ und $\frac{19}{80}$

c) $\frac{6}{21}$ und $\frac{7}{18}$

d) $\frac{7}{16}$ und $\frac{13}{24}$

e) $\frac{12}{33}$ und $\frac{11}{36}$

Übung 35

Brüche sortieren

Ordne der Größe nach.

a) $\frac{5}{2}$; $\frac{7}{3}$; $\frac{27}{12}$

b) $\frac{5}{6}$; $\frac{3}{4}$; $\frac{7}{8}$

c) $\frac{1}{2}$; $\frac{2}{3}$; $\frac{3}{7}$

d) $\frac{2}{5}$; $\frac{7}{15}$; $\frac{5}{12}$

Übung 36

Anwendungsaufgabe – Brüche vergleichen

Auf einem Rummelplatz gibt es zwei Losbuden. Bei der ersten sind $\frac{3}{10}$ der Lose Gewinne, bei der zweiten sind es $\frac{5}{16}$.

Bei welcher Bude würdest du Lose kaufen, wenn sie an beiden Buden dasselbe kosten?

Übung 37

Anwendungsaufgabe – Brüche der Größe nach sortieren/ordnen

Du bist einer von zehn Kandidaten bei „Wer wird Millionär?".

a) Die Auswahlfrage lautet: „Ordne folgende Zahlen der Größe nach, beginnend mit der kleinsten."

A $\frac{3}{11}$	B $\frac{3}{17}$	C $\frac{3}{8}$	D $\frac{3}{25}$

Welche Reihenfolge musst du angeben?

b) Leider war keiner der Kandidaten in der Lage, die Frage zu beantworten, und es gibt eine neue. Es ist die gleiche Frage, aber diesmal mit folgenden Antwortmöglichkeiten:

A $\frac{5}{27}$	B $\frac{2}{27}$	C $\frac{26}{27}$	D $\frac{16}{27}$

Übung 38

Gleichnamige Brüche addieren und subtrahieren

Berechne.

a) $\frac{1}{5} + \frac{3}{5}$

b) $\frac{15}{27} + \frac{7}{27}$

c) $\frac{31}{14} + \frac{5}{14}$

d) $\frac{26}{3} - \frac{20}{3}$

e) $\frac{9}{7} - \frac{5}{7}$

f) $\frac{21}{100} - \frac{3}{100}$

Brüche addieren und subtrahieren

Gleichnamige Brüche (Brüche, die denselben Nenner haben) werden addiert bzw. subtrahiert, indem die Zähler addiert bzw. subtrahiert werden.
Die Nenner werden beibehalten.

Beispiele: $\frac{2}{5} + \frac{1}{5} = \frac{2+1}{5} = \frac{3}{5}$ $\quad$ $\frac{2}{5} - \frac{1}{5} = \frac{2-1}{5} = \frac{1}{5}$

Haben die Brüche unterschiedliche Nenner, müssen sie durch Erweitern gleichnamig gemacht werden.

Beispiel: $\frac{2}{5} + \frac{1}{3} = \frac{2 \cdot 3}{5 \cdot 3} + \frac{1 \cdot 5}{3 \cdot 5} = \frac{6}{15} + \frac{5}{15} = \frac{6+5}{15} = \frac{11}{15}$

Übung 39

Brüche addieren und subtrahieren

Berechne.

a) $\frac{1}{4} + \frac{3}{8}$

b) $\frac{2}{3} + \frac{3}{4}$

c) $\frac{5}{6} + \frac{5}{8}$

d) $\frac{9}{10} - \frac{3}{4}$

e) $\frac{5}{7} - \frac{1}{8}$

f) $\frac{5}{6} - \frac{5}{18}$

g) $\frac{3}{11} - \frac{27}{99}$

Übung 40

Brüche addieren und subtrahieren

Berechne. Gib das Ergebnis als echten Bruch an.

a) $6 + \frac{7}{8}$

b) $4 + \frac{1}{6}$

c) $\frac{3}{5} + 8$

d) $25 - \frac{2}{3}$

e) $7 - \frac{1}{2}$

f) $10 - \frac{8}{13}$

Übung 41

Brüche addieren und subtrahieren

Berechne.

a) $\frac{5}{6} + \frac{1}{12} + \frac{4}{3}$

b) $\frac{5}{8} + \frac{1}{2} - \frac{1}{7}$

c) $\frac{13}{14} - \frac{2}{7} - \frac{1}{2}$

d) $\frac{6}{15} + \frac{48}{75} - \frac{3}{25}$

e) $\frac{5}{6} - \frac{11}{15} + \frac{4}{9}$

f) $1 - \frac{3}{8} + \frac{1}{4}$

Übung 42

Brüche addieren

Vervollständige die Rechenmauern so, dass zwei nebeneinander stehende Steine addiert den Stein darunter ergeben.

$\frac{1}{2}$	$\frac{3}{4}$	$\frac{1}{8}$	$\frac{2}{3}$

$\frac{2}{5}$		$\frac{1}{3}$	
$\frac{17}{30}$			
	$\frac{25}{18}$		

5./6. KLASSE

7./8. KLASSE

9./10. KLASSE

Übung 43

Brüche addieren

Bei einem Zauberquadrat ist immer die Summe aller Zeilen, Spalten und Diagonalen gleich. Ergänze die Zauberquadrate.

		$\frac{7}{12}$
	$\frac{5}{8}$	
$\frac{2}{3}$		$\frac{3}{8}$

$\frac{13}{18}$	$\frac{4}{9}$	$\frac{1}{3}$
		$\frac{5}{18}$

Übung 44

Fehler beim Addieren und Subtrahieren finden

Korrigiere die Fehler.

a) $\frac{1}{4} + \frac{1}{7} = \frac{2}{11}$

b) $\frac{2}{5} + \frac{2}{9} = \frac{2}{14}$

c) $\frac{7}{8} + \frac{3}{8} = \frac{10}{16}$

d) $\frac{5}{6} - \frac{1}{2} = \frac{4}{6}$

e) $\frac{5}{3} + \frac{2}{9} = \frac{10}{27}$

Übung 45

Brüche subtrahieren

Wie groß ist die Differenz zwischen den beiden Brüchen?

a) $\frac{2}{3}$ und $\frac{1}{8}$

b) $\frac{5}{16}$ und $\frac{5}{12}$

c) $\frac{7}{12}$ und $\frac{8}{9}$

d) $\frac{11}{36}$ und $\frac{3}{8}$

e) $\frac{1}{7}$ und $\frac{5}{3}$

Übung 46

Brüche addieren

Du siehst hier Bruchstücke eines Kreises.

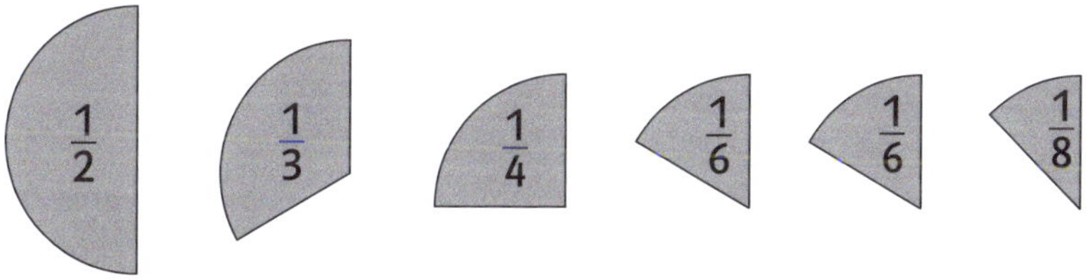

Welchen Teil des ganzen Kreises erhältst du, wenn du folgende Stücke zusammenlegst?

a) $\frac{1}{2}; \frac{1}{3}; \frac{1}{6}$

b) $\frac{1}{4}; \frac{1}{8}; \frac{1}{2}$

c) $\frac{1}{6}; \frac{1}{6}; \frac{1}{3}$

d) $\frac{1}{4}; \frac{1}{6}; \frac{1}{6}; \frac{1}{8}$

Übung 47

Brüche addieren

Lege mit den vorhandenen Kreisteilen die angegebenen Bruchteile des ganzen Kreises. Wie viele Möglichkeiten gibt es jeweils?

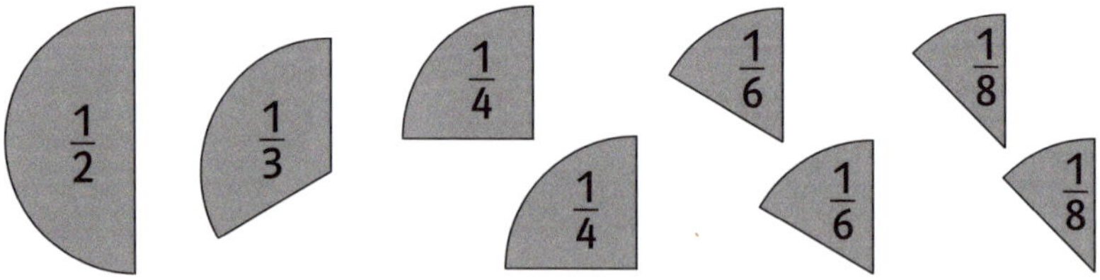

a) $\frac{3}{4}$

b) $\frac{2}{3}$

Übung 48

Anwendungsaufgabe

In einen Rührkuchenteig gehören außer Eiern und Milch noch:
$\frac{1}{4}$ kg Butter, $\frac{1}{4}$ kg Zucker und $\frac{2}{5}$ kg Mehl.

Maria möchte alle diese Zutaten in einer Schüssel abwiegen, und zwar in der Reihenfolge, wie sie aufgeführt sind. Welche Gewichte muss sie dabei erreichen? Gib in kg und g an.

Übung 49

Anwendungsaufgabe

Annette hat zwei Flaschen mit je $\frac{7}{10}$ l Orangensaft. Sie füllt zwei Karaffen mit je $\frac{1}{4}$ l und drei Gläser mit je $\frac{1}{5}$ l.

a) Braucht sie dafür beide Flaschen?

b) Wie viel ist noch übrig?

Übung 50

Anwendungsaufgabe

Beim Camping soll es Blumenkohl-Broccoli-Suppe aus der Tüte geben.

Auf der Packung steht:
Beutelinhalt in $\frac{3}{4}$ l lauwarmes Wasser einrühren und unter Umrühren bei geringer Wärmezufuhr 10 Minuten kochen lassen.
Zum Verfeinern kann $\frac{1}{8}$ l des Wassers durch Sahne ersetzt werden.
Wie viel Wasser wird dann noch benötigt? Gib in l und in ml an.

Übung 51

Anwendungsaufgabe

Eine Familie verbraucht vom monatlichen Einkommen $\frac{1}{4}$ für Miete, $\frac{1}{60}$ für Telefon und $\frac{1}{15}$ für Lebensmittel.

a) Welcher Anteil des Einkommens ist damit verbraucht und welcher noch übrig?

b) Wie viel gibt die Familie für Miete, Telefon und Lebensmittel aus, wenn das Gehalt 3000 € beträgt?

c) Wie hoch ist das Einkommen, wenn die Miete 700 € beträgt?

5./6. KLASSE

7./8. KLASSE

9./10. KLASSE

Übung 52

Multiplizieren und dividieren mit einer ganzen Zahl

Berechne.

a) $2 : \frac{3}{2}$

b) $3 \cdot \frac{3}{4}$

c) $\frac{9}{7} : 3$

d) $\frac{5}{6} \cdot 4$

e) $\frac{11}{8} : 2$

f) $25 \cdot \frac{1}{25}$

Multiplizieren und dividieren mit einer ganzen Zahl

Du multiplizierst einen Bruch mit einer ganzen Zahl, indem du den **Zähler mit dieser Zahl multiplizierst** und den **Nenner (unverändert) beibehältst**. Kürze das Ergebnis gegebenenfalls vollständig.

Beispiel: Multipliziere $\frac{5}{6}$ mit 2.

$\frac{5}{6} \cdot 2 = \frac{5 \cdot 2}{6} = \frac{10}{6} = \frac{5}{3} = 1\frac{2}{3}$

Du dividierst einen Bruch durch eine ganze Zahl, indem du den **Nenner mit dieser Zahl multiplizierst** und den **Zähler (unverändert) beibehältst**. Kürze das Ergebnis gegebenenfalls vollständig.

Beispiel: Dividiere $\frac{6}{9}$ durch 3.

$\frac{6}{9} : 3 = \frac{6}{9 \cdot 3} = \frac{6}{27} = \frac{2}{9}$

Übung 53

Brüche multiplizieren

Multipliziere und ergänze die Tabelle.

$\cdot$	$\frac{5}{6}$	$\frac{1}{10}$	$\frac{7}{8}$	$\frac{9}{13}$
$\frac{1}{2}$				
$\frac{2}{3}$				
$\frac{3}{4}$				
$\frac{5}{8}$				
$\frac{7}{12}$				

Brüche multiplizieren

Beim Multiplizieren von Brüchen gilt die Regel: $\frac{\textbf{Zähler} \cdot \textbf{Zähler}}{\textbf{Nenner} \cdot \textbf{Nenner}}$

Doch wenn du schon vor dem Rechnen eine Zahl aus dem Zähler mit einer Zahl aus dem Nenner kürzen kannst, hast du oft erheblich weniger Rechenaufwand.

Prüfe daher immer nach, ob du vorher kürzen kannst.

Beispiel: $\frac{2}{5} \cdot \frac{4}{7} = \frac{2 \cdot 4}{5 \cdot 7} = \frac{8}{35}$

$\frac{3}{\cancel{10}_{5}} \cdot \frac{\cancel{4}^{2}}{7} = \frac{3 \cdot 2}{5 \cdot 7} = \frac{6}{35}$

Übung 54

Brüche multiplizieren

Berechne folgende Aufgaben. Gib das Ergebnis als vollständig gekürzten Bruch an.

a) $\frac{24}{75} \cdot \frac{25}{48}$

b) $\frac{15}{21} \cdot \frac{28}{5}$

c) $\frac{36}{21} \cdot \frac{49}{18}$

d) $\frac{100}{25} \cdot \frac{21}{27}$

e) $\frac{312}{415} \cdot \frac{415}{312}$

Übung 55

Brüche im Sachzusammenhang multiplizieren

Wie viel ist

a) $\frac{3}{4}$ von $\frac{1}{2}$ m?

b) $\frac{1}{2}$ von $\frac{3}{8}$ kg?

c) $\frac{5}{6}$ von $\frac{1}{4}$ l?

d) $\frac{3}{2}$ von $\frac{3}{4}$ cm?

e) $\frac{2}{5}$ von $\frac{3}{2}$ g?

Tipps zum Multiplizieren von Brüchen

Du darfst „über Kreuz" oder in einem Bruch kürzen.

$$\frac{\overset{1}{\cancel{24}}}{\underset{3}{\cancel{75}}} \cdot \frac{\overset{1}{\cancel{25}}}{\underset{2}{\cancel{48}}} = \frac{1}{3} \cdot \frac{1}{2} = \frac{1}{6}$$

Übung 56

Kehrbruch bestimmen

Gib jeweils den Kehrbruch an.

a) $\frac{1}{3}$

b) $\frac{25}{36}$

c) $\frac{76}{89}$

d) $\frac{100}{233}$

e) 6

f) 2005

Was ist ein Kehrbruch?

Den **Kehrbruch** (auch **Kehrwert**) eines Bruches erhältst du, wenn du **Zähler und Nenner vertauschst.**

$\frac{2}{3} \rightleftarrows \frac{3}{2}$

Bruch — Kehrbruch

Übung 57

Brüche dividieren

Berechne.

a) $\frac{1}{2} : \frac{3}{4}$

b) $\frac{2}{3} : \frac{3}{2}$

c) $\frac{5}{4} : \frac{7}{8}$

d) $\frac{7}{9} : \frac{1}{10}$

e) $\frac{11}{25} : \frac{2}{3}$

f) $\frac{3}{4} : \frac{2}{5}$

g) $\frac{3}{8} : \frac{7}{8}$

h) $\frac{6}{7} : \frac{3}{14}$

i) $\frac{18}{14} : \frac{6}{28}$

Brüche dividieren

Du dividierst (teilst) einen Bruch durch einen anderen Bruch, indem du den ersten Bruch mit dem Kehrbruch des zweiten Bruches multipliziert.

Kürze wenn möglich, aber erst nach der Bildung des Kehrbruches.

Beispiel: $\frac{2}{5} : \frac{3}{4} = \frac{2}{5} \cdot \frac{4}{3} = \frac{8}{15}$

$\frac{3}{8} : \frac{9}{10} = \frac{\overset{1}{\cancel{3}}}{\underset{4}{\cancel{8}}} \cdot \frac{\overset{5}{\cancel{10}}}{\underset{3}{\cancel{9}}} = \frac{1}{4} \cdot \frac{5}{3} = \frac{5}{12}$

Übung 58

Brüche dividieren

Berechne diese Aufgaben. Gib das Ergebenis als vollständig gekürzten Bruch an.

a) $\frac{32}{45} : \frac{16}{63}$

b) $\frac{24}{39} : \frac{40}{13}$

c) $\frac{45}{51} : \frac{105}{34}$

d) $\frac{213}{100} : \frac{213}{100}$

e) $\frac{200}{100} : \frac{13}{3}$

Übung 59

Brüche dividieren

Beseitige die Doppelbrüche und schreibe als einfachen Bruch.

a) $\frac{\frac{1}{2}}{\frac{1}{4}}$

b) $\frac{\frac{5}{6}}{\frac{11}{12}}$

c) $\frac{\frac{2}{5}}{4}$

d) $\frac{5}{\frac{9}{10}}$

Übung 60

Zerlegungen

Zerlege $\frac{25}{36}$ auf möglichst viele Arten in zwei Faktoren.

Wie viele Möglichkeiten gibt es?

Übung 61

Einfache Gleichungen lösen

Wie heißt jeweils die Zahl?

a) Wenn man die Zahl mit $\frac{7}{8}$ multipliziert, erhält man 1.

____

b) Wenn man das Dreifache der Zahl mit $\frac{4}{3}$ multipliziert, erhält man $\frac{12}{5}$.

____

c) Wenn man die Hälfte der Zahl durch $\frac{3}{2}$ teilt, erhält man $\frac{3}{13}$.

____

Übung 62

Anwendungsaufgabe

In einem Getränkekasten befinden sich 12 Flaschen mit je $\frac{3}{4}$ l Inhalt.

a) Wie viel ist das insgesamt?

b) Wie viel ist in $\frac{1}{2}$; $\frac{3}{4}$; $\frac{5}{6}$ Kasten?

c) Welcher Anteil des Kastens ist übrig, wenn 4 Flaschen leer sind?

d) Wie viel enthält $\frac{1}{2}$ Flasche?

Übung 63

Anwendungsaufgabe

a) Ein Straußenei ist das größte Ei, das von einem Vogel gelegt wird. Es wiegt bis zu $\frac{3}{2}$ kg. In einem Nest können 30 bis 40 Eier liegen. Welches Gewicht muss ein Nest mit 30 bzw. 40 Straußeneiern aushalten?

b) Der neuseeländische Kiwi ist der Vogel, der das schwerste Ei im Verhältnis zu seinem Körpergewicht legt. Er wiegt 1700 g und das Ei ein Viertel des Körpergewichtes. Wie schwer ist das Ei des Kiwis?

Übung 64

Anwendungsaufgabe

Eine Panflöte besteht aus mehreren Röhren. Die Länge der Röhre bestimmt jeweils die Tonhöhe. Das C′ hat eine Länge von ca. 16 cm. Die Röhren der nächsthöheren Töne sind $\frac{8}{9}$-, $\frac{4}{5}$-, $\frac{3}{4}$-, $\frac{2}{3}$-, $\frac{3}{5}$-, $\frac{8}{15}$-, $\frac{1}{2}$-mal so lang.

a) In welchem Zahlenbereich bewegen sich diese Brüche?

b) Werden die Röhren länger oder kürzer? Begründe.

c) Wie lang sind die einzelnen Röhren?

Übung 65

Anwendungsaufgabe

Der Körper eines erwachsenen Menschen besteht zu $\frac{3}{5}$ aus Wasser, der eines Säuglings sogar zu $\frac{7}{10}$.

Wie viel Wasser enthält …

a) … der Körper eines 50 kg schweren Erwachsenen?

b) … der Körper eines 6 kg schweren Säuglings?

c) … dein Körper? (Rechne mit dem Wert für Erwachsene.)

Tipp:
1 l Wasser wiegt 1 kg.

Übung 66

Gemischte Zahlen in Brüche umwandeln

Wandle in einen (unechten) Bruch um.

a) $2\frac{1}{2}$ b) $5\frac{7}{8}$ c) $10\frac{5}{7}$

d) $13\frac{2}{3}$ e) $20\frac{4}{9}$ f) $7\frac{3}{4}$

Übung 67

Brüche in gemischte Zahlen umwandeln

Wandle in eine gemischte Zahl um.

a) $\frac{5}{3}$ b) $\frac{38}{15}$ c) $\frac{9}{2}$

d) $\frac{81}{4}$ e) $\frac{35}{6}$ f) $\frac{23}{9}$

Gemischte Zahlen in Brüche umwandeln

Umwandlung einer gemischten Zahl in einen unechten Bruch
Die ganze Zahl wird mit dem Nenner multipliziert, dann wird der Zähler addiert. Das Ergebnis kommt in den Zähler, der Nenner wird beibehalten.

Beispiel: $2\frac{3}{4} = \frac{2 \cdot 4 + 3}{4} = \frac{8 + 3}{4} = \frac{11}{4}$

oder: $2\frac{3}{4} = 2 + \frac{3}{4} = \frac{8}{4} + \frac{3}{4} = \frac{11}{4}$

Umwandlung eines unechten Bruches in eine gemischte Zahl
Der Zähler wird durch den Nenner geteilt. Die Ganzen kommen vor den Bruch, der Rest in den Zähler, der Nenner bleibt.

Beispiel: $\frac{11}{4}$ 11 : 4 = 2 Rest 3

gemischte Zahl: $2\frac{3}{4}$

Übung 68

Anteile als gemischte Zahl schreiben

Schreibe die markierten Flächen als gemischte Zahl und unechten Bruch.

a)

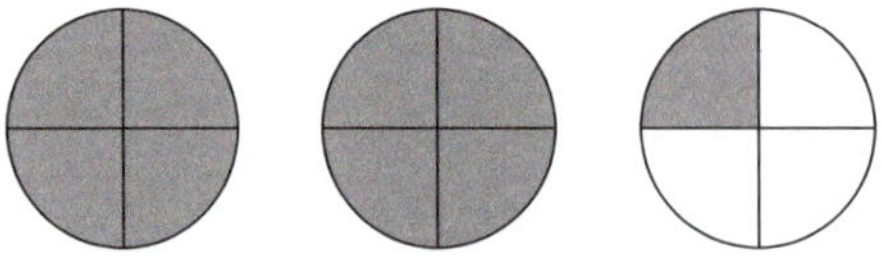

b)

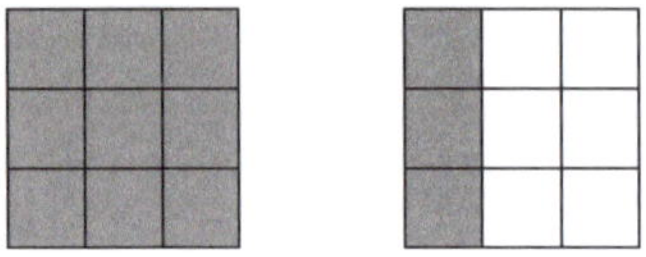

c)

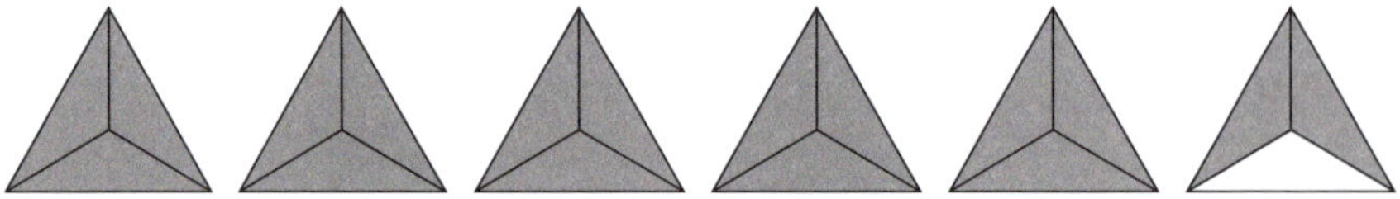

d)

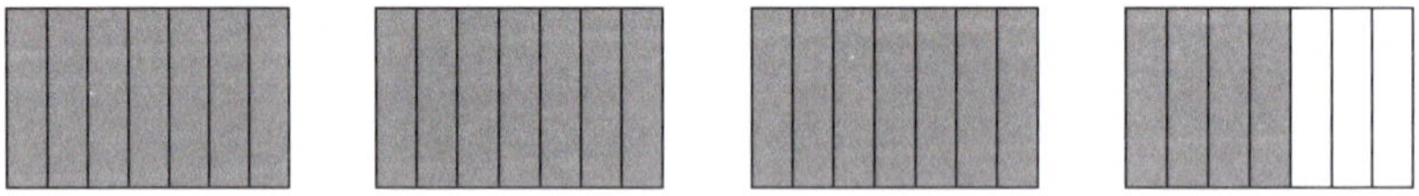

Übung 69

Gemischte Zahlen und Brüche vergleichen

Ordne der Größe nach.

a) $3\frac{2}{5}$ und $\frac{16}{5}$

b) $4\frac{6}{7}$ und $4\frac{11}{13}$

c) $7\frac{3}{8}$ und $\frac{29}{4}$ und $7\frac{7}{16}$

d) $12\frac{3}{4}$ und $\frac{51}{4}$ und $\frac{25}{2}$

Übung 70

Gemischte Zahlen und Brüche vergleichen

Suche zusammengehörende Paare. Ein unechter Bruch bleibt übrig – welcher?

$8\frac{7}{9}$ $2\frac{1}{12}$ $3\frac{7}{12}$ $4\frac{5}{12}$ $15\frac{5}{9}$ $7\frac{1}{12}$ $1\frac{1}{3}$ $5\frac{2}{9}$

$\frac{53}{12}$ $\frac{12}{9}$ $\frac{47}{9}$ $\frac{85}{12}$ $\frac{43}{12}$ $\frac{79}{9}$

Übung 71

Gemischte Zahlen addieren

Berechne.

a) $3\frac{2}{5} + 5\frac{2}{5}$

b) $5\frac{1}{4} + 3\frac{3}{4}$

c) $12\frac{3}{10} + 1\frac{1}{5}$

d) $4\frac{3}{7} + 3\frac{4}{5}$

e) $25\frac{1}{6} + 7\frac{3}{4}$

f) $5\frac{7}{12} + 23\frac{4}{9}$

Übung 72

Gemischte Zahlen subtrahieren

Berechne.

a) $2\frac{3}{7} - 1\frac{2}{7}$

b) $3\frac{3}{4} - 1\frac{1}{2}$

c) $2\frac{2}{5} - 2\frac{1}{3}$

d) $10\frac{2}{9} - 3\frac{5}{6}$

e) $4\frac{3}{5} - 2\frac{6}{7}$

f) $25\frac{11}{12} - 16\frac{11}{12}$

Übung 73

Gemischte Zahlen multiplizieren

Berechne.

a) $2\frac{1}{4} \cdot 1\frac{3}{5}$

b) $4\frac{3}{10} \cdot 2\frac{2}{9}$

c) $3\frac{1}{3} \cdot 5\frac{7}{9}$

d) $2\frac{1}{2} \cdot 3\frac{1}{4}$

e) $3\frac{2}{5} \cdot 4\frac{2}{3}$

Übung 74

Gemischte Zahlen dividieren

Berechne.

a) $1\frac{1}{5} : 2\frac{1}{3}$

b) $2\frac{2}{5} : 1\frac{1}{4}$

c) $3\frac{5}{7} : 2\frac{11}{14}$

d) $4\frac{4}{5} : 4\frac{2}{7}$

e) $10\frac{1}{9} : 9\frac{2}{7}$

Übung 75

Anwendungsaufgabe

Eine Mutter antwortet, nach dem Alter ihrer vier Kinder gefragt: „Sie sind 18 Monate, 33 Monate, 52 Monate und 75 Monate alt."

a) Wie alt sind die Kinder in Jahren?

Kind 1: ______________________

Kind 2: ______________________

Kind 3: ______________________

Kind 4: ______________________

b) Wie alt sind die Kinder $2\frac{1}{2}$ Jahre später in Monaten und Jahren?

Kind 1: ______________________ ; ______________________

Kind 2: ______________________ ; ______________________

Kind 3: ______________________ ; ______________________

Kind 4: ______________________ ; ______________________

Übung 76

Dezimalzahlen in Brüche umwandeln

Schreibe als Dezimalzahl.

a) $\frac{1}{10}$; $\frac{2}{100}$; $\frac{81}{1000}$; $\frac{256}{100}$; $\frac{27}{10}$; $\frac{33}{100}$; $\frac{369}{1000}$

b) $\frac{1}{2}$; $\frac{3}{5}$; $\frac{3}{4}$; $\frac{7}{25}$; $\frac{1}{8}$; $\frac{1}{20}$; $\frac{5}{2}$

c) $\frac{2}{3}$; $\frac{1}{6}$; $\frac{5}{9}$

Übung 77

Dezimalzahlen in Brüche umwandeln

Schreibe als Bruch.

a) 0,25; 0,5; 0,75; 0,1; 0,7; 0,29; 0,71; 0,126; 0,003; 0,2

b) 1,2; 6,45; 4,567; 3,01; 1,125; 4,5

c) Schreibe die Brüche aus Aufgabenteil b) als gemischte Zahl.

Dezimalzahlen und Brüche ineinander umwandeln

So schreibst du eine Dezimalzahl als Bruch
Zähle die Stellen nach dem Komma. Zwei Stellen nach dem Komma bedeutet Hundertstel. Schreibe die Zahl ohne Komma in den Zähler, im Nenner steht 100.

Manchmal musst du den Bruch auch noch vollständig kürzen.

Beispiel: $1{,}12 = \frac{112}{100} = \frac{28}{25}$

So schreibst du einen Bruch als Dezimalzahl

	Beispiel:
1. Erweitere den Bruch so, dass im Nenner 10, 100, 1000, …	$\frac{3}{4} = \frac{3 \cdot 25}{4 \cdot 25} = \frac{75}{100}$
2. Schreibe nur den neuen Zähler auf.	75
3. Trenne bei der Zahl im Zähler so viele Stellen von rechts mit dem Komma ab, wie Nullen im Nenner sind.	0,75

5./6. KLASSE

7./8. KLASSE

9./10. KLASSE

Übung 78

Brüche und Dezimalzahlen ineinander umwandeln

Welcher Bruch entspricht welcher Dezimalzahl?
Verbinde zusammengehörende Paare.

$\frac{5}{8}$ $\frac{3}{12}$ $\frac{13}{20}$ $\frac{43}{50}$ $\frac{29}{40}$

$\frac{7}{25}$ $\frac{4}{5}$ $\frac{9}{30}$ $\frac{18}{45}$

0,65 0,725 0,28 0,8

0,625 0,3

0,86 0,25 0,4

Übung 79

Gemischte Zahlen und Dezimalzahlen ineinander umwandeln

Welcher gemischten Zahl entspricht welche Dezimalzahl?
Verbinde zusammengehörende Paare.

$3\frac{1}{2}$ $3\frac{3}{5}$ $3\frac{5}{8}$ $3\frac{6}{15}$ $3\frac{35}{100}$

$3\frac{7}{50}$ $3\frac{11}{20}$ $3\frac{12}{25}$ $3\frac{63}{90}$

3,6 3,34 3,48 3,55

3,625 3,7

3,5 3,4 3,35

Übung 80

Brüche und Dezimalzahlen vergleichen

Vergleiche die beiden Zahlen.
Schreibe <, > oder = in die Lücke.

a) 3,5 ☐ 0,7

b) $\frac{3}{4}$ ☐ 0,7

c) $\frac{23}{50}$ ☐ 0,25

d) $\frac{16}{20}$ ☐ 0,75

e) $\frac{13}{40}$ ☐ 0,325

f) $\frac{17}{25}$ ☐ 0,75

Übung 81

Bruchteile von Größen

In der Bundesrepublik Deutschland lebten im Jahr 2002 rund 82 537 000 Menschen. Du kannst der Tabelle entnehmen, wie die Bevölkerung sich auf die Altersgruppen verteilte.

unter 6 Jahre	$\frac{7}{125}$
6 bis 15 Jahre	$\frac{47}{500}$
15 bis 25 Jahre	$\frac{23}{200}$
25 bis 45 Jahre	$\frac{3}{10}$
45 bis 65 Jahre	$\frac{13}{50}$

a) Welcher Anteil der Bevölkerung war älter als 65 Jahre?

b) Zu welcher Altersgruppe gehörten die meisten Menschen?

c) Wie viele Menschen gehörten den jeweiligen Altersgruppen an?

Übung 82

Bruchteile von Größen

Der Weg von Anna zu ihrer besten Freudin Lena beträgt 3,3 km. Anna fährt ihn sehr gerne mit dem Fahrrad. Auf $\frac{5}{6}$ der Strecke gibt es zum Glück einen Fahrradweg. Wie viele Meter muss sie noch auf der Straße fahren?

Übung 83

Bruchteile von Größen

Das Skelett macht ca. $\frac{3}{25}$ des Körpergewichts eines Menschen aus.

a) Wie viel wiegen die Knochen eines 50 kg und eines 60 kg schweren Menschen?

b) Wie viel wiegen deine Knochen?

c) Wie viel wiegt ein Mensch, dessen Knochen 5 kg, $4\frac{1}{2}$ kg, 9 kg wiegen?

Übung 84

Bruchteile von Größen

Zu Hochzeiten oder anderen besonderen Anlässen lassen sich viele Menschen einen Fotografen kommen, um das Ereignis im Bild festzuhalten. Dazu werden von den Fotostudios Reihen mit unterschiedlich vielen Bildern angeboten.
Ein Fotostudio verlangt von seinen Fotografen, dass mindestens $\frac{5}{6}$ der Bilder einer Reihe qualitativ hochwertig sein müssen, um die Kundschaft nicht zu verärgern. Wird dieser Anteil nicht eingehalten, kann der Fotograf entlassen werden.
Ein Fotograf hat in einer Reihe drei unscharfe Bilder und entgeht damit knapp der Entlassung.

Wie viele Bilder hatte die Reihe?

Übung 85

Bruchteile von Größen

Da reines Gold ein sehr weiches Metall ist, wird es oft mit anderen Metallen vermischt. Das nennt man Gold-Legierung. In Goldschmuck findest du Zahlenangaben wie 333, 585 oder 750.
Diese Zahlen entsprechen dem Goldanteil in Tausendsteln.

a) Wie viel reines Gold wurde zu einer 333er-Kette mit einem Gewicht von 750 mg verarbeitet?

b) Ein 585er-Ring wiegt 4 g. Wie viel g reines Gold enthält er?

c) Ein Juwelier will ein 3 g schweres Schmuckstück herstellen. Er hat dafür 2 g Gold zur Verfügung. Welchen Goldgehalt kann das Schmuckstück maximal enthalten?

Übung 86

Bruchteile von Größen

Nicht alle Menschen haben gleich viele Haare. Blonde Menschen haben etwa 150 000 Haare auf dem Kopf, Braunhaarige $\frac{1}{6}$ weniger. Hast du schwarze Haare, dann hast du $\frac{1}{3}$ weniger Haare als blonde Menschen. Bist du rothaarig, hast du am wenigsten Haare, nämlich $\frac{9}{10}$ von denjenigen mit schwarzen Haaren.
Berechne, wie viele Haare braunhaarige, schwarzhaarige und rothaarige Menschen auf dem Kopf haben.

Übung 87

Bruchteile von Größen

Ein Kopfhaar wächst in einem Monat ungefähr einen Zentimeter und fällt im Durchschnitt nach 4 Jahren wieder aus.
Ein Jugendlicher verliert etwa 40 Haare am Tag, ein Erwachsener sogar 100.
Berechne, welchen Anteil seiner Haare ein Jugendlicher mit braunen, schwarzen und roten Haaren pro Tag etwa verliert.
Benutze dazu die Anzahl der Haare aus der vorhergehenden Übung.

Übung 88

Bruchteile von Größen

Anja bekommt 12 € Taschengeld im Monat.

a) Wie viel könnte sie im April jeden Tag ausgeben, wenn sie das Geld gleichmäßig auf alle Tage verteilen möchte?
(Gib den Wert in Euro und Cent an.)

b) Im Mai hat sie am 12. bereits $\frac{3}{4}$ des Geldes ausgegeben. Wie viel ist das und wie viel ist noch übrig?

c) Sie möchte sich ein Buch für 8 € kaufen. Welcher Teil des monatlichen Geldes ist das?

Übung 89 X

Anteile berechnen und vergleichen

Ein Sammelbilder-Album umfasst 85 Bilder. Nils hat bereits 60 Bilder.

a) Welcher Teil des Albums ist damit voll, welcher noch leer?

b) Nils Freund Malte prahlt in der Schule: „Ich habe schon $\frac{2}{3}$ meines Albums voll!" Wer hat mehr Bilder?

Übung 90

Anteile bestimmen und vergleichen

In der Tabelle findest du das Geburtsgewicht von Tierbabys und das Gewicht ihrer Tiermütter aufgelistet.

	Baby	Mutter	Anteil
Elefant	100 kg	5 t	
Giraffe	ca. 50 kg	650 kg	
Panzernashorn	ca. 60 kg	1600 kg	
Zwergmeerschweinchen	30 g	250 g	
Schneeziege	3,5 kg	120 kg	

a) Welches Tier bringt im Verhältnis zum eigenen Körpergewicht die schwersten Jungen zur Welt?

b) Berechne, um welchen Anteil des Geburtsgewichts das Tierbaby jeweils zunimmt, bis es das Gewicht seiner Mutter erreicht.

Übung 91

Anteile bestimmen und vergleichen

Vier schlaue Katzen haben einen Trog mit Trockenfutter bekommen. Als die anderen nicht hinschauen, nimmt sich die erste Katze heimlich $\frac{1}{4}$ des Inhalts und versteckt ihn. Auch die anderen drei Katzen passen jeweils einen unbeobachteten Moment ab und nehmen sich nacheinander jeweils $\frac{1}{4}$ des noch vorhandenen Troginhalts.

a) Ist der Trog dann leer? Wenn ja, warum, wenn nein, wie viel ist noch drin?

b) Warum gibt es beim Vergleich der Futteranteile Streit unter den Katzen?

c) Wie muss der Rest aufgeteilt werden, damit alle gleich viel haben?

Übung 92

Brüche addieren und subtrahieren

Ein Hotel ist voll ausgebucht. Am Morgen eines schönen Sonnentages verlassen $\frac{2}{3}$ der Gäste das Haus zum Baden, $\frac{1}{8}$ wollen trotz des schönen Wetters ins Museum und $\frac{1}{12}$ starten zu einer Wanderung.

a) Welcher Anteil der Gäste befindet sich noch im Hotel?

b) Wäre die Aufgabe noch lösbar, wenn zusätzlich zu den oben genannten noch $\frac{1}{6}$ einkaufen gehen würden?

c) Um 16.00 Uhr sind bereits $\frac{3}{4}$ der Badenden wieder zurück, ansonsten hat sich noch nichts verändert. Welcher Anteil der Gäste befindet sich nun im Hotel?

Übung 93

Brüche addieren und subtrahieren

In einem Park sollen $\frac{3}{4}$ der Fläche mit Blumenbeeten bedeckt werden. Davon sollen sein: $\frac{2}{9}$ Rosen, $\frac{5}{12}$ Veilchen und $\frac{1}{18}$ Tulpen.

a) Welcher Anteil des Parks wird dann von Rosen, Veilchen bzw. Tulpen bedeckt?

b) Welcher Anteil der Blumenbeete ist noch frei?

Übung 94

Brüche addieren und subtrahieren

In einer Klasse fehlen $\frac{1}{6}$ der Schüler wegen Krankheit und $\frac{1}{5}$ wegen des Vorlesewettbewerbs. Kann an diesem Tag über das Ziel des nächsten Ausflugs abgestimmt werden, wenn dafür mindestens $\frac{3}{4}$ der Schüler mitstimmen sollen?

Übung 95

Brüche addieren und subtrahieren

Die Ägypter kannten bereits Brüche, jedoch nur Stammbrüche. Stammbrüche sind Brüche mit einer Eins im Zähler.
Alle anderen Brüche wurden durch Addition angegeben, also z. B. $\frac{7}{12}$ durch $\frac{1}{4} + \frac{1}{3}$. Wie hätten die Ägypter folgende Brüche geschrieben?

a) $\frac{11}{24}$

b) $\frac{5}{12}$

c) $\frac{3}{5}$

d) $\frac{10}{21}$

Übung 96

Mit Brüchen rechnen

Bei der Durchsicht der letzten Urlaubsbilder stellt Greta fest, dass $\frac{1}{10}$ der Bilder nichts geworden sind. Das bedeutet, dass sie entweder unscharf oder falsch belichtet oder unscharf und falsch belichtet sind. $\frac{1}{25}$ der Bilder sind unscharf aber richtig belichtet, $\frac{1}{50}$ sind falsch belichtet aber scharf.

a) Welcher Anteil der Bilder ist unscharf und falsch belichtet?

b) Gib das Ergebnis von a) in Prozent an.

c) Welcher Anteil der schlechten Bilder ist das?

Übung 97 X

Mit Brüchen rechnen

Das kleine Kamel Edgar kann in 6 Stunden ein Wasserloch in der Wüste leertrinken. Seine Mutter kann doppelt so schnell trinken. Wie lange brauchen Mutter und Sohn gemeinsam, um das Wasserloch leerzutrinken?

Übung 98

Mit Brüchen rechnen

Du bist Kandidat bei einem Fernsehquiz. Die Frage lautet:

$\frac{1}{4}$ von $\frac{1}{2}$ von $\frac{1}{3}$ von 600 sind genausoviel wie

A $\frac{3}{4}$ von $\frac{1}{2}$ von 300	**B** $\frac{1}{2}$ von $\frac{1}{5}$ von 250
C $\frac{1}{10}$ von $\frac{1}{5}$ von 1000	**D** $\frac{1}{3}$ von $\frac{1}{7}$ von 210

Welches ist die richtige Antwort?

Übung 99

Mit Brüchen rechnen

Ein Rechteck hat die Seitenlängen $a = 18\,\text{cm}$ und $b = 24\,\text{cm}$.
Ein zweites Rechteck soll die Seitenlängen $\frac{2}{3}a$ und $\frac{2}{3}b$ haben.

a) Stelle eine Vermutung auf, inwiefern sich die Flächeninhalte der beiden Rechtecke unterscheiden.

b) Überprüfe deine Vermutung, indem du beide Flächeninhalte berechnest.

c) Begründe den rechnerischen Zusammenhang zwischen den beiden Flächeninhalten.

7./8. KLASSE

Übung 100

Brüche in Prozente umwandeln

Berechne die folgenden Prozentsätze.
Da diese Prozentangaben häufig vorkommen, kannst du dir viel Rechenarbeit ersparen, wenn du sie auswendig lernst.

a) $\frac{1}{100}$ = ________ %

b) $\frac{1}{50}$ = ________ %

c) $\frac{1}{25}$ = ________ %

d) $\frac{1}{20}$ = ________ %

e) $\frac{1}{10}$ = ________ %

f) $\frac{1}{8}$ = ________ %

g) $\frac{1}{6}$ = ________ %

h) $\frac{1}{5}$ = ________ %

i) $\frac{1}{4}$ = ________ %

j) $\frac{1}{3}$ = ________ %

k) $\frac{1}{2}$ = ________ %

l) $\frac{3}{4}$ = ________ %

Was sind Prozente?

Als **Prozent** bezeichnet man den Anteil an einem Ganzen in Hundertsteln.

Es ist 1 Prozent = 1% = $\frac{1}{100}$ = 0,01 und **p%** = $\frac{\mathbf{p}}{\mathbf{100}}$.

Das kannst du dir ganz einfach an einem Beispiel merken:

2 von 20 Dreiecken sind schwarz. Das sind $\frac{2}{20} = \frac{10}{100}$ = 10%.

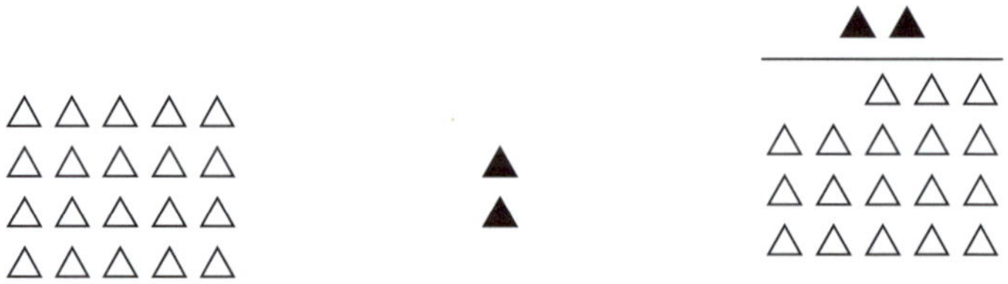

Alles / das Ganze = Grundwert

Ein Teil davon = Prozentwert

Bruchteil vom Ganzen = Prozentsatz

Übung 101

Prozentangaben in Dezimalzahlen umwandeln

Schreibe als Dezimalzahlen.

a) 0,8 % = ______________

b) 6 % = ______________

c) 21,3 % = ______________

d) 45,02 % = ______________

e) 75 % = ______________

f) 1,05 % = ______________

g) 120 % = ______________

h) 300 % = ______________

Prozentangaben in Dezimalzahlen umwandeln

Prozentangaben kannst du ohne Rechnen in Dezimalzahlen verwandeln, wenn du das Komma **um 2 Stellen nach links** verschiebst.

Lücken ersetzt du durch Nullen, z. B. 0,9 % = 0,009.

5./6. KLASSE

7./8. KLASSE

9./10. KLASSE

Übung 102

Prozentangaben in Brüche umwandeln

Schreibe die Prozentangaben als Bruch und kürze wenn möglich.

a) 5 % = ____________________

b) 30 % = ____________________

c) 60 % = ____________________

d) 75 % = ____________________

e) 100 % = ____________________

f) 200 % = ____________________

g) 90 % = ____________________

h) 350 % = ____________________

Prozentangaben in Brüche umwandeln

1. Schreibe immer 100 in den Nenner und die Prozentzahl in den Zähler. $2\,\% = \frac{2}{100}$
2. Kürze gegebenenfalls den Bruch vollständig. $= \frac{1}{50}$

Übung 103

Prozentangaben in Brüche umwandeln

Schreibe als Bruch und kürze wenn möglich.
Achte darauf, dass in Zähler und Nenner keine Dezimalzahlen stehen; erweitere in diesem Fall jeweils mit 10 oder 100.

a) 0,5 % = ______________________

b) 12,5 % = ______________________

c) 0,03 % = ______________________

d) 5,2 % = ______________________

e) 42,5 % = ______________________

f) 117,2 % = ______________________

g) 704 % = ______________________

h) 0,16 % = ______________________

5./6. KLASSE

7./8. KLASSE

9./10. KLASSE

Übung 104

Dezimalzahlen in Prozentangaben umwandeln

Verwandle in Prozent.

a) 0,1 = ______________ %

b) 0,05 = ______________ %

c) 0,25 = ______________ %

d) 0,88 = ______________ %

e) 0,08 = ______________ %

f) 0,6 = ______________ %

g) 0,763 = ______________ %

h) 0,125 = ______________ %

i) 1,48 = ______________ %

j) 1,02 = ______________ %

Dezimalzahlen in Prozentangaben umwandeln

Beim Umwandeln von Dezimalzahlen in Prozentangaben verschiebst du das **Komma** um **2 Stellen nach rechts.**

Beispiel: 0,12 = 12 %

Übung 105

Dezimalzahlen in Prozentangaben umwandeln

Gib die Dezimalzahlen in Prozent an.

a) 0,07 = ________ %

b) 0,1 = ________ %

c) 0,25 = ________ %

d) 0,04 = ________ %

e) 0,002 = ________ %

f) 0,67 = ________ %

g) 1,8 = ________ %

h) 4,3 = ________ %

i) 1,02 = ________ %

j) 0,567 = ________ %

Übung 106

Brüche in Prozentangaben umwandeln

Gib die Anteile in Prozent an.

a) $\frac{1}{30}$ = ____________ %

b) $\frac{23}{50}$ = ____________ %

c) $\frac{9}{20}$ = ____________ %

d) $\frac{13}{40}$ = ____________ %

e) $\frac{7}{12}$ = ____________ %

f) $\frac{11}{8}$ = ____________ %

g) $\frac{5}{2}$ = ____________ %

h) $2\frac{2}{5}$ = ____________ %

Brüche in Prozentangaben umwandeln

Möglichkeit 1:

1. Erweitere den Bruch so, dass im Nenner 100 steht. $\frac{7}{20} = \frac{7 \cdot 5}{20 \cdot 5} = \frac{35}{100}$
2. Der Zähler liefert dir die Prozentzahl. $= 35\,\%$

Möglichkeit 2:

1. Wandle den Bruch in eine Dezimalzahl um, indem du den Zähler durch den Nenner teilst. Wenn nichts anderes in der Aufgabe steht, rundet man dabei in der Regel auf drei Stellen nach dem Komma. $\frac{7}{8} = 7 : 8 = 0{,}875$
2. Du wandelst die Dezimalzahl in eine Prozentangabe um, indem du das **Komma** um **zwei Stellen nach rechts** verschiebst und an diese Zahl das Prozentzeichen anhängst. $0{,}875 = 87{,}5\,\%$

Übung 107

Brüche in Prozentangaben umwandeln

Verwandle in Prozent.

a) $\frac{1}{5}$ = ________ %

b) $\frac{3}{8}$ = ________ %

c) $\frac{7}{10}$ = ________ %

d) $\frac{3}{4}$ = ________ %

e) $\frac{9}{20}$ = ________ %

f) $\frac{17}{25}$ = ________ %

g) $\frac{39}{50}$ = ________ %

h) $1\frac{3}{5}$ = ________ %

i) $2\frac{7}{20}$ = ________ %

j) $3\frac{5}{8}$ = ________ %

Übung 108

Umwandeln von Prozentangaben, Brüchen und Dezimalzahlen

Fülle die fehlenden Felder aus.

a)

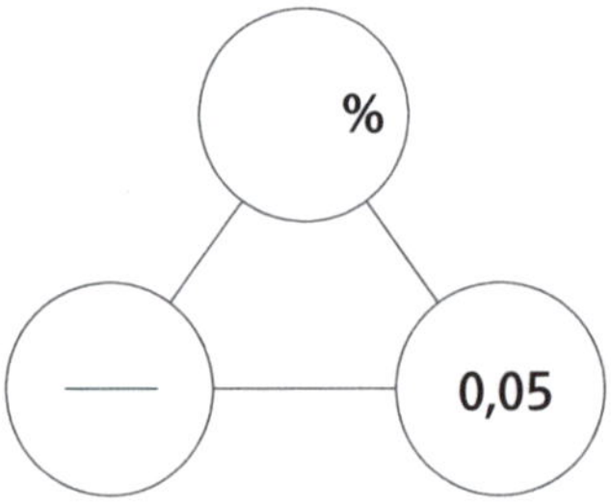

b)

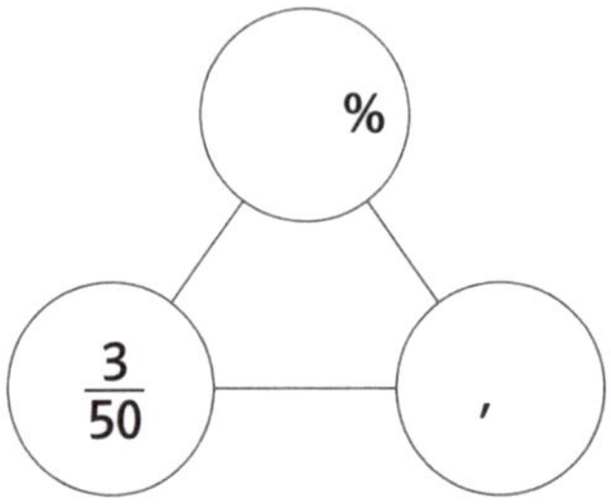

c)

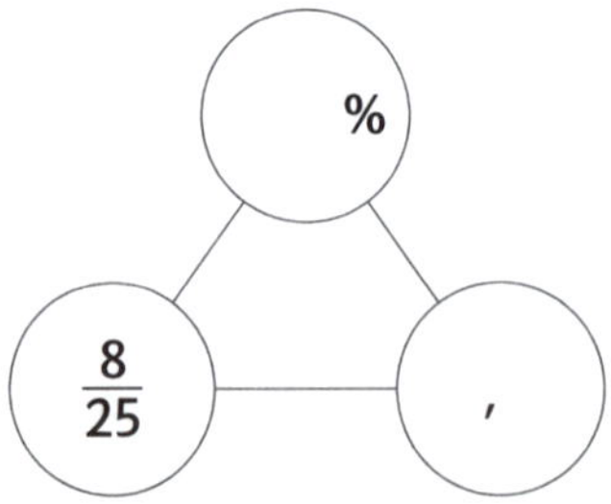

d)

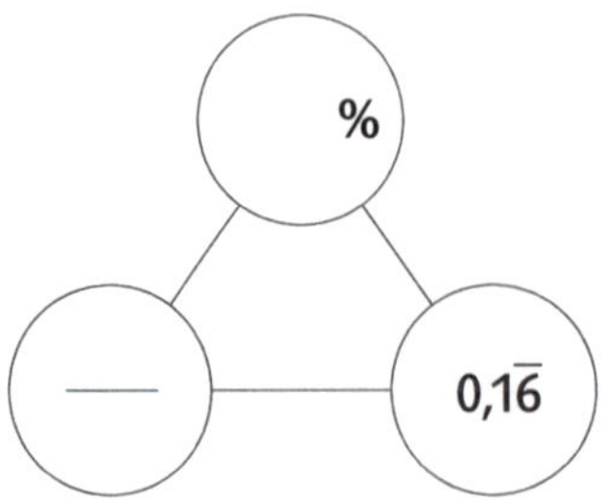

Übung 109

Umwandeln von Prozentangaben, Brüchen und Dezimalzahlen

Vervollständige.

a)

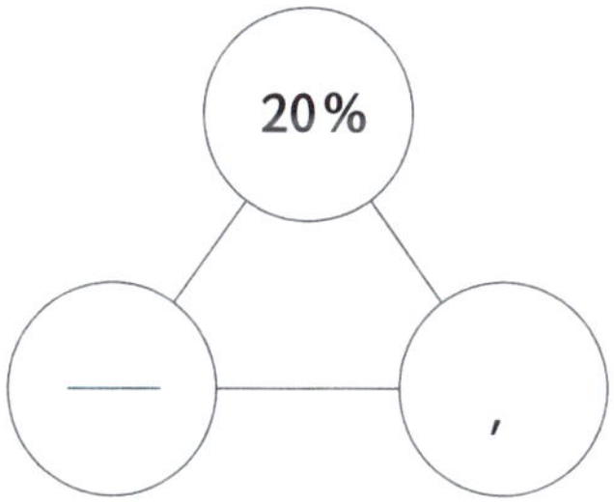

b)

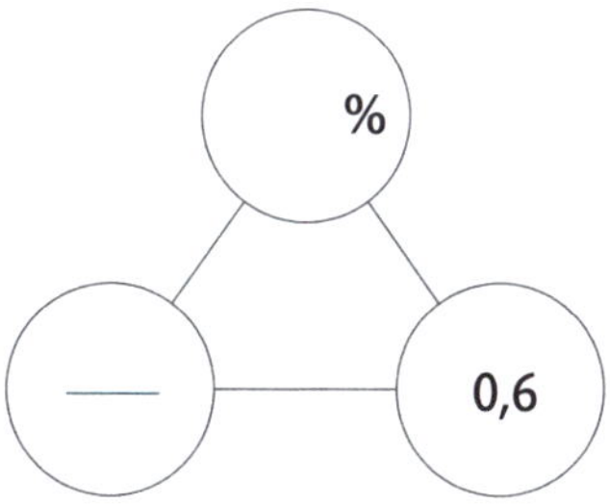

c)

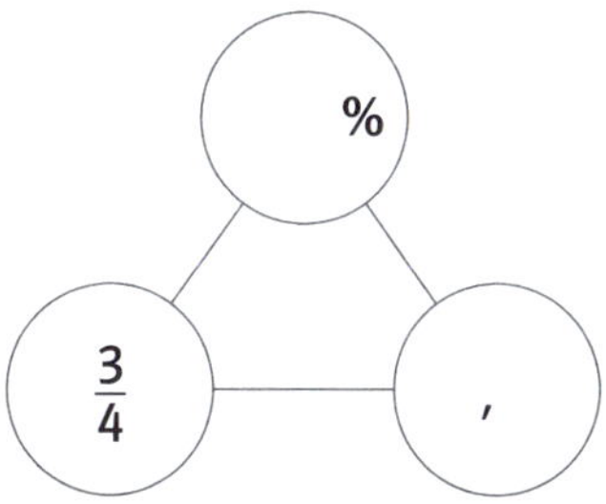

d)

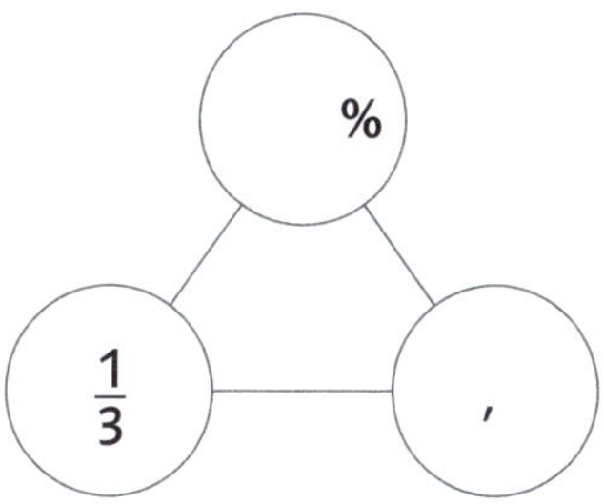

5./6. KLASSE

7./8. KLASSE

9./10. KLASSE

Übung 110

Umwandeln in Prozentangaben

Wie viel Prozent sind

a) die Hälfte? ____________________

b) ein Fünftel? ____________________

c) ein Drittel? ____________________

d) der zehnte Teil? ________________

e) jeder Achte? ____________________

f) die Hälfte der Hälfte? __________

g) ein Viertel der Hälfte? __________

h) 3 von 4? ______________________

i) 3 von 50? ______________________

j) 12 von 15? _____________________

k) 48 von 96? ____________________

l) 14 von 25? _____________________

m) 35 von 700? ___________________

Übung 111

Prozentsatz berechnen

Berechne die Prozentsätze und ordne dann der Größe nach.

a) 2 von 5
b) 3 von 4
c) 7 von 25
d) 12 von 40
e) 35 von 50
f) 7 von 8

Übung 112

Prozentsatz berechnen

Überschlage im Kopf, welchem Prozentsatz der Anteil ungefähr entspricht.

a) 44 von 90
b) 69 von 210
c) 120 von 59
d) 121 von 479
e) 5 von 48
f) 395 von 1590

Den Prozentsatz berechnen

Den Prozentsatz kannst du berechnen, wenn der Prozentwert (der Teil) und der Grundwert (das Ganze) gegeben sind.
In so einer Aufgabe taucht im Normalfall keine Prozentangabe (kein Prozentzeichen) auf!

Rechne mit der Formel **Prozentsatz p =** $\mathbf{\frac{Prozentwert}{Grundwert}}$ und wandle den Bruch in eine Prozentangabe um, indem du rechnest:

p % = Prozentwert : Grundwert · 100 % oder kurz **p % =** $\mathbf{\frac{W}{G} \cdot 100\,\%}$

Beispiel: Wie viel % sind 15 von 75?

Rechne mit der Formel $\frac{15}{75} \cdot 100\,\%$

$p = \frac{W}{G} \cdot 100$ bzw. $p\,\% = \frac{W}{G} \cdot 100\,\%$ $= \frac{15 \cdot 100}{75}\,\% = \frac{1500}{75}\,\% = 20\,\%$

Übung 113

Prozentwert berechnen

Berechne jeweils den Prozentwert im Kopf und fülle die Tabelle aus.

G	450	87	2700	200
p %	20 %	10 %	$33\frac{1}{3}$ %	60 %
W				

Den Prozentwert berechnen

Wenn du die Formel **Prozentsatz** = $\frac{\textbf{Prozentwert}}{\textbf{Grundwert}}$ umstellst, in diesem Fall mit dem Grundwert multiplizierst, erhältst du die Gleichung **Prozentwert = Grundwert · Prozentsatz** oder **W = G · p.**
Diese Rechnung geht einfacher, wenn du den Prozentsatz in einen **Bruch** umwandelst. Dann lautet die zugehörige Gleichung

Prozentwert = Grundwert · $\frac{\textbf{Prozentsatz}}{\textbf{100}}$ oder kurz **W = G ·** $\frac{\textbf{p}}{\textbf{100}}$.

Dieser Aufgabentyp entspricht der Berechnung des Bruchteils einer Größe.
Du berechnest hier immer p % von G.

Beispiel: Wie viel sind 20 % von 265?

1. Rechne mit der Formel $W = \frac{G \cdot p}{100}$

   $W = 265 \cdot \frac{20}{100}$

   $= 265 \cdot \frac{20}{100} = \frac{5300}{100} = 53$

2. Wandle ggf. den Bruch in eine Dezimalzahl um, indem du bei der Zahl im Zähler das Komma um 2 Stellen nach links verschiebst.

Übung 114

Prozentwert berechnen

Berechne den Prozentwert so weit wie möglich im Kopf.

a) 10 % von 57
b) 20 % von 120
c) 12,5 % von 0,72
d) $33\frac{1}{3}$ % von 210
e) 25 % von 0,4
f) 15 % von 400
g) 150 % von 6
h) 175 % von 8

Übung 115

Prozentwert berechnen

Berechne. Runde gegebenenfalls sinnvoll.

a) 93 % von 1 h
b) 1,5 ‰ von 6 l
c) $5\frac{1}{2}$ % von 2114 €
d) 27 % von 72 €
e) 0,7 ‰ von 8 l
f) $10\frac{3}{4}$ % von 75 kg
g) 100 ‰ von 3740 l
h) 240 % von 0,250 kg
i) 15 ‰ von 1 h

5./6. KLASSE

7./8. KLASSE

9./10. KLASSE

Übung 116

Grundwert berechnen

Berechne den Grundwert so weit du kannst im Kopf.

a) $W = 17{,}4$; $p = 10\,\%$

b) $W = 1500$; $p = 20\,\%$

c) $W = 15$; $p = 33\frac{1}{3}\,\%$

d) $W = 350$; $p = 12{,}5\,\%$

e) $W = 63$; $p = 75\,\%$

f) $W = 25$; $p = 125\,\%$

g) $W = 72$; $p = 50\,\%$

h) $W = 2{,}4$; $p = 1\,\%$

Den Grundwert berechnen

Wenn du die Formel **Prozentsatz** $= \frac{\textbf{Prozentwert}}{\textbf{Grundwert}}$ umstellst, in diesem Fall mit dem Grundwert multiplizierst und durch den Prozentsatz teilst, erhältst du die Gleichung: **Grundwert = Prozentwert : Prozentsatz** oder **G = W : p.**

Diese Rechnung geht einfacher, wenn du den Prozentsatz in einen Bruch umwandelst. Dann lautet die zugehörige Gleichung

$$\textbf{Grundwert} = \frac{\textbf{Prozentwert}}{\frac{\textbf{Prozentsatz}}{\textbf{100}}} \quad \text{oder kurz} \quad \mathbf{G = W \cdot \frac{100}{p}}.$$

Beispiel: 800 ist 20 % von …?

Rechne mit der Formel $\mathbf{G = \frac{W \cdot 100}{p}}$.

$$G = \frac{800 \cdot 100}{20} = \frac{80\,000}{20} = 4000$$

Beachte: Ist der **Prozentsatz kleiner als 100 %**, dann muss der berechnete **Grundwert größer als der gegebene Wert** sein, da der Grundwert dem Ganzen entspricht (und das ist größer als ein Teil davon).

Übung 117

Grundwert berechnen

Berechne den Grundwert.

Tipp:
Mit dem Taschenrechner berechnest du G so: W [÷] p [%] [=]

a) W = 95,09; p = 37%

b) W = 43,5; p = 17,4%

c) W = 589,4; p = 42,1%

d) W = 108,6; p = 54,3%

e) W = 2247,5; p = 72,5%

f) W = 105,7; p = 21,14%

g) W = 242,2; p = 34,6%

h) W = 0,06; p = 0,3%

Übung 118

Grundaufgaben berechnen

Fülle die Tabellen aus.

a)

0,48			0,93			0,55
$\frac{48}{100}$		$\frac{51}{100}$		$\frac{3}{8}$		
48 %	20 %				8,1 %	

b)

	0,003					2,67
		$\frac{2}{1000}$		$\frac{5}{4}$	$\frac{155}{100}$	
0,5 %			110 %			

Übung 119

Grundaufgaben berechnen

G				
W	6			
p %	12 %			

G	45			
W	9			
p %				

G	80			
W				
p %	40 %			

a) Berechne jeweils die fehlende Größe.

b) Finde durch Kürzen oder Erweitern jeweils drei gleichwertige Paare G und W und schreibe sie in die leeren Felder der Tabelle.

Übung 120

Promille

Wie viel Promille sind

a) 57,6 von 64?
b) 10 € von 10 €?
c) 50 ct von 6,25 €?
d) 15 m von 60 km?
e) 16 g von 8 kg?
f) 28,485 von 135?
g) 51,948 von 52?
h) 4 g von 5 kg?
i) 0,3 s von 2,5 min?

Rechne teilweise im Kopf, teilweise mithilfe eines Taschenrechners.

Übung 121

Prozente und Promille

Versuche möglichst viele der Aufgaben im Kopf zu lösen.

a) 10 ‰ von 256 €
b) $66\frac{2}{3}$ % von 60 kg
c) $66\frac{2}{3}$ ‰ von 60 kg
d) 500 ‰ von 506
e) 1000 ‰ von 705 €
f) 125 ‰ von 72 €
g) 1,5 ‰ von 45 kg
h) 21 % von 300 m

Promille

Promille heißt Tausendstel:

$1‰ = \frac{1}{1000}$ und $p‰ = \frac{p}{1000}$.

Es ist

$p‰ = \frac{W}{G} \cdot 1000.$

Übung 122

Verminderter Grundwert

Vermindere

a) 520 € um 10 %; 25 %; 57 %; 93 %.

b) 112 kg um 15 %; 33 %; 68 %; 86 %.

c) 276 ha um 0,5 %; 2 %; 21 %; 75 %.

d) 1641 m um 0,3 ‰; 2,5 %; 41,8 %; 79,4 %.

Runde sinnvoll.

Verminderter Grundwert

Eine Verminderung/Senkung von G um p % bedeutet **Multiplikation** von G mit (100 % − p %) bzw. mit $\left(1 - \frac{p}{100}\right)$.

Rechne so: $W = G \cdot \frac{100 - p}{100}$.

Mit dem Taschenrechner geht das einfacher:

G [−] p [%] [=]

5./6. KLASSE

7./8. KLASSE

9./10. KLASSE

Übung 123

Erhöhter Grundwert

Erhöhe

a) 16 € um 10 %; 25 %; 57 %; 93 %.

b) 169 kg um 15 %; 33 %; 68 %; 86 %.

c) 95 ha um 0,5 %; 2 %; 21 %; 75 %.

d) 7943 m um 0,3 ‰; 2,5 %; 41,8 %; 79,4 %.

Runde sinnvoll.

Erhöhter Grundwert

Eine Vermehrung/Erhöhung von G um p % bedeutet **Multiplikation** von G mit (100 % + p %) bzw. mit $\left(1 + \frac{p}{100}\right)$.

Rechne so: $W = G \cdot \frac{100 + p}{100}$.

Mit dem Taschenrechner geht das einfacher: G [+] p [%] [=]

Übung 124

Formelspielereien

Tipp:
Überlege jeweils mit einem von dir gewählten Beispiel.
Nimm also bei a) beispielsweise für $G = 100$; $W = 50$.

a) Wie ändert sich der Prozentsatz, wenn du den Grundwert verdoppelst, der Prozentwert aber gleich bleibt?

b) Wie ändert sich der Prozentsatz, wenn du den Prozentwert verdoppelst, der Grundwert aber gleich bleibt?

c) Wie musst du den Grundwert verändern, wenn du den Prozentsatz halbierst, der Prozentwert aber gleich bleiben soll?

d) Wie ändert sich der Prozentwert, wenn der Prozentsatz gleich bleibt, der Grundwert aber geviertelt wird?

Übung 125

Anteile von Prozenten

Berechne.

a) 20 % von 65 %

b) 5 % von 20 %

c) 80 % von 120 % von 100

d) $16\frac{2}{3}$ % von 75 % von 96

e) $\frac{1}{3}$ von 60 % von 135

f) 5 % von 140 % von 105

Übung 126

Sierpinsky-Dreieck

a)

b)

c)

d)

e)

f)

Wie viel Prozent der Fläche sind schwarz?

Sierpinsky-Dreieck

Von einem gleichseitigen Dreieck verbindet man jeweils die Seitenmitten und entfernt das in der Mitte liegende Dreieck. Diese Schritte werden auch bei den verbleibenden Dreiecken angewandt.

Das **Sierpinski-Dreieck** ist die Menge aller Punkte, die übrigt bleibt, wenn man dieses Verfahren unendlich oft fortsetzt. Nach seinem Entdecker Sierpinski (1882 – 1969) ist sogar ein Mondkrater benannt. Mehr dazu findest du im Internet unter dem Suchbegriff „Sierpinski-Dreieck".

Übung 127

Sierpinsky-Teppich

a)

b)

c)

d)
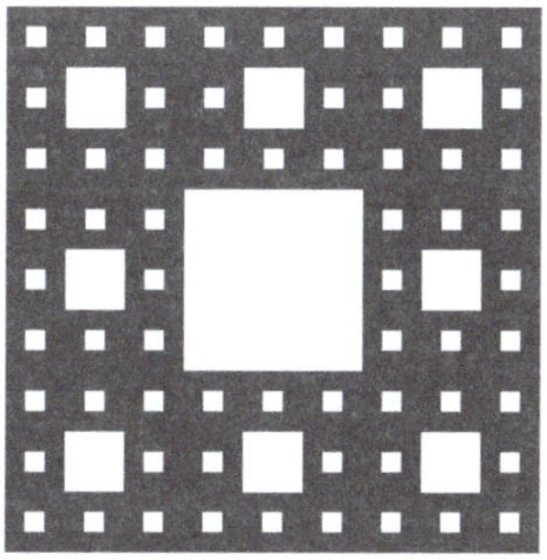

Wie viel Prozent der Fläche bleiben jeweils übrig?

Sierpinsky-Teppich

Im ersten Schritt wird das Quadrat in 9 gleich große Quadrate aufgeteilt, von denen das mittlere entfernt wird. Dieser Vorgang wird wiederholt auf die übrigen Quadrate angewandt.

Der **Sierpinski-Teppich** ist die Menge aller Punkte, die übrigt bleibt, wenn man dieses Verfahren unendlich oft fortsetzt.

Übung 128

Diagramme

Wie viel Prozent sind in den Figuren jeweils gefärbt?

a)

b)
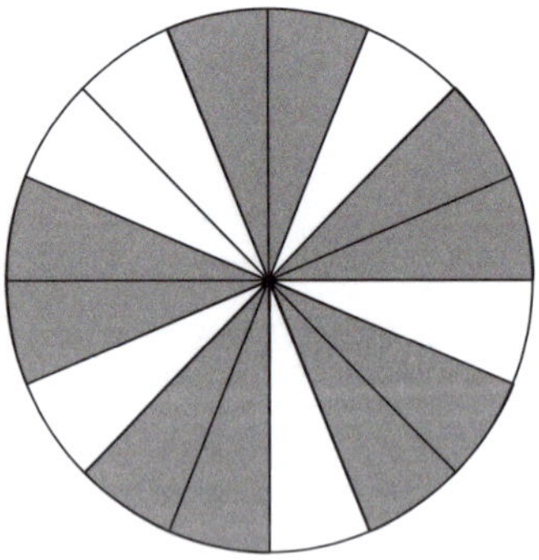

c)

Übung 129

Prozentsätze von gefärbten Figuren

Wie groß ist der Anteil der gefärbten Fläche in Prozent?

a)
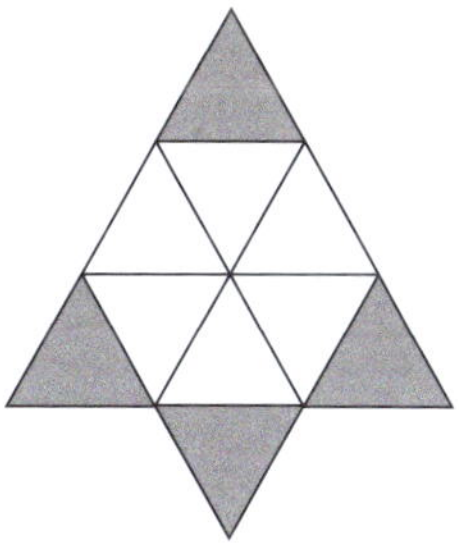

____

b)
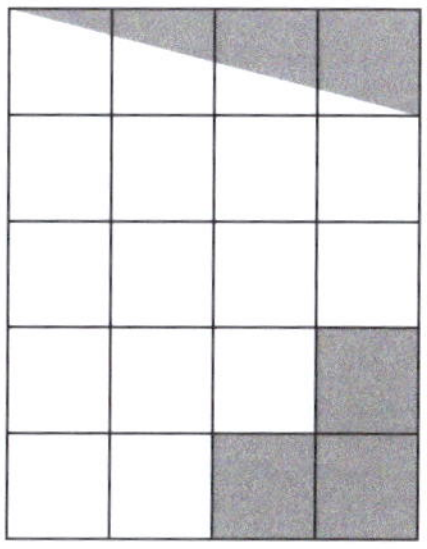

____

c)
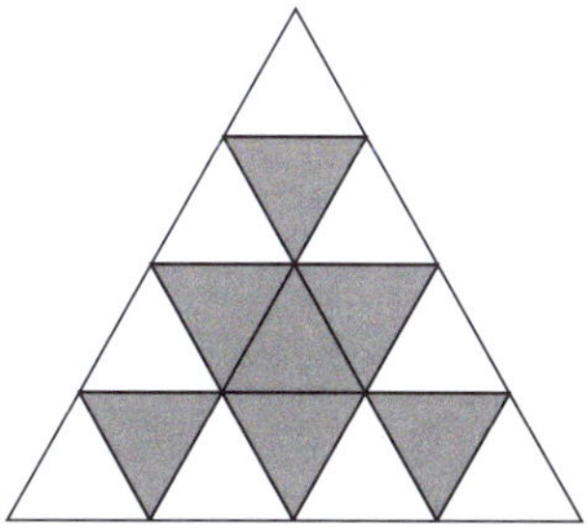

____

d)
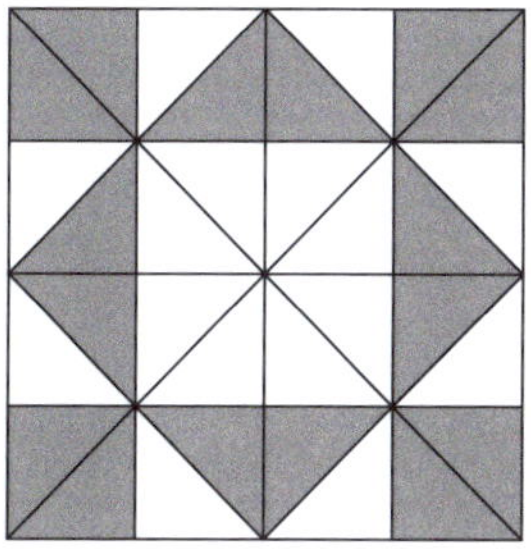

____

Übung 130

Prozentsätze schätzen

Schätze zuerst, wie viel Prozent jeweils gefärbt sind und überprüfe die Anteile anschließend durch Abzählen.

a) 

geschätzt: ________ %

abgezählt: ________ %

b) 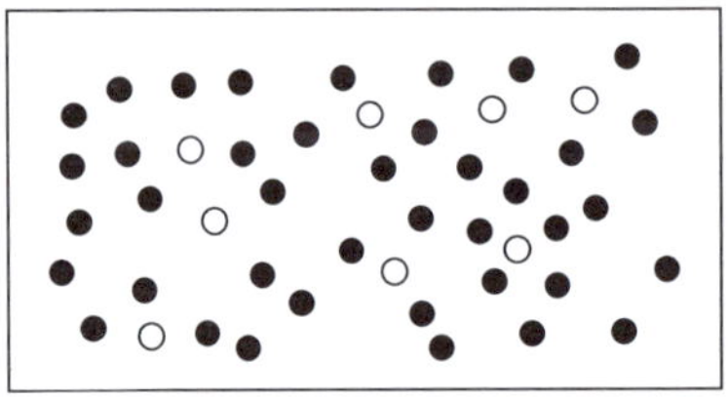

geschätzt: ________ %

abgezählt: ________ %

c) 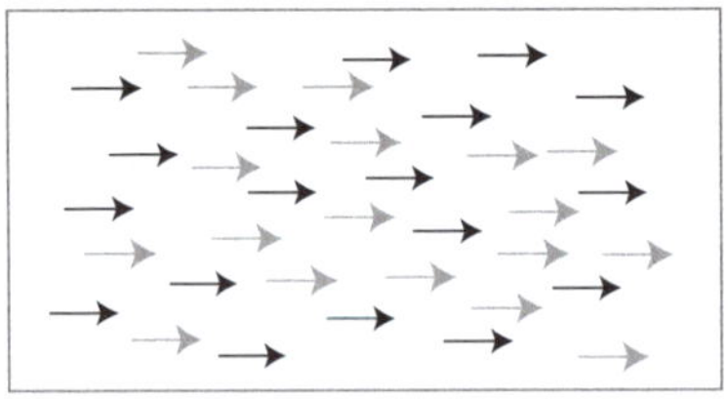

geschätzt: ________ %

abgezählt: ________ %

d) 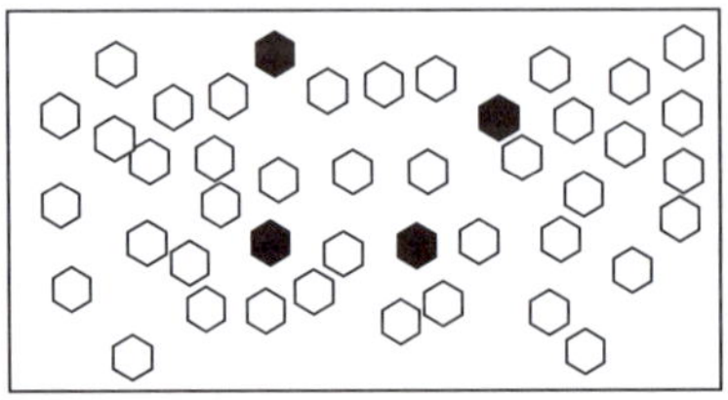

geschätzt: ________ %

abgezählt: ________ %

Übung 131

Prozentsätze färben

Färbe jeweils 25 % blau, 20 % gelb, 12,5 % grün und 10 % rot.
Wie viel Prozent sind dann nicht gefärbt?

a)

b)

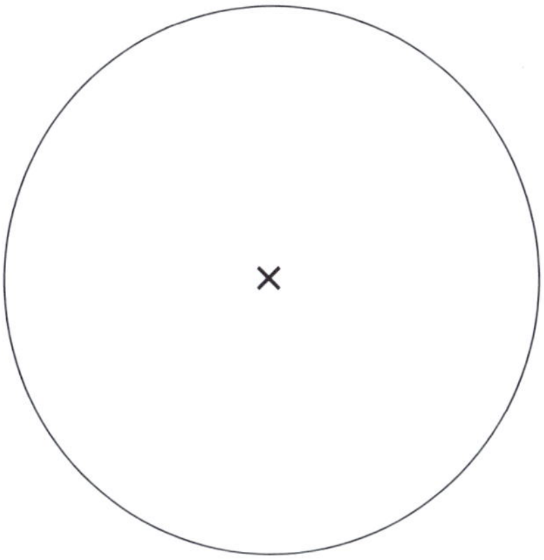

Übung 132

Streckenverhältnisse

Gib die Verhältnisse der Strecken zueinander in Prozent an.

a) 

$\overline{AB}$ = ________ % von $\overline{AC}$; $\overline{BC}$ = ________ % von $\overline{AB}$

b) 

$\overline{DE}$ = ________ % von $\overline{DF}$; $\overline{EF}$ = ________ % von $\overline{DF}$

c) 

$\overline{GH}$ = ________ % von $\overline{GI}$; $\overline{GI}$ = ________ % von $\overline{HI}$

Übung 133

Streckenverhältnisse

Zeichne jeweils den fehlenden Punkt ein.

a) 

$\overline{AB}$ = 40 % von $\overline{AC}$ = ____________ cm

b) 

$\overline{DF}$ = 120 % von $\overline{DE}$ = ____________ cm

c) 

$\overline{GH}$ = 31,25 % von $\overline{GI}$ = ____________ cm

Übung 134

Kreisdiagramme

Um Prozente in einem Kreisdiagramm darstellen zu können, musst du das zugehörige Winkelmaß kennen.
Fülle als Hilfe diese Tabelle aus.

Prozentangabe	1 %	2 %	3 %	5 %	10 %
Winkelmaß α					

Prozentangabe	12,5 %	15 %	20 %	25 %	$33\frac{1}{3}$ %
Winkelmaß α					

Übung 135

Kreisdiagramme

Schreibe in die einzelnen Kreisausschnitte, wie viel Prozent sie jeweils von der Kreisfläche einnehmen.

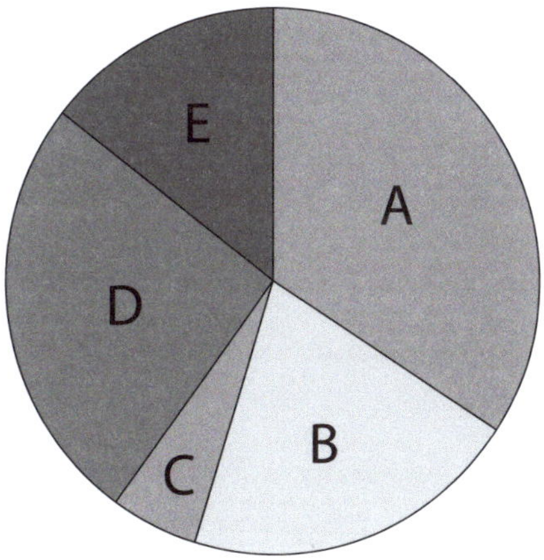

Übung 136

Kreisdiagramme

Das Kreisdiagramm stellt die Zusammensetzung von durchschnittlichem Erdöl dar.
Miss die Winkelweiten und bestimme die Anteile der jeweiligen Bestandteile in Prozent.

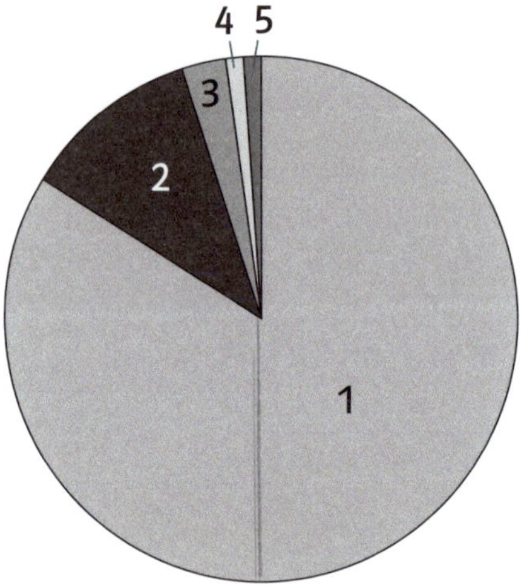

1 Kohlenstoff: ________ %

2 Wasserstoff: ________ %

3 Sauerstoff: ________ %

4 Schwefel: ________ %

5 Stickstoff: ________ %

Übung 137

Kreisdiagramme

2001 wurden in der Bundesrepublik Deutschland $123 \cdot 10^6$ Tonnen Mineralöl verbraucht. Den größten Anteil hatte Heizöl mit 26 %, gefolgt von Diesel mit 24 %, Ottokraftstoff mit 23 % und schwerem Heizöl mit 5 %. Der Rest fällt unter Sonstiges.

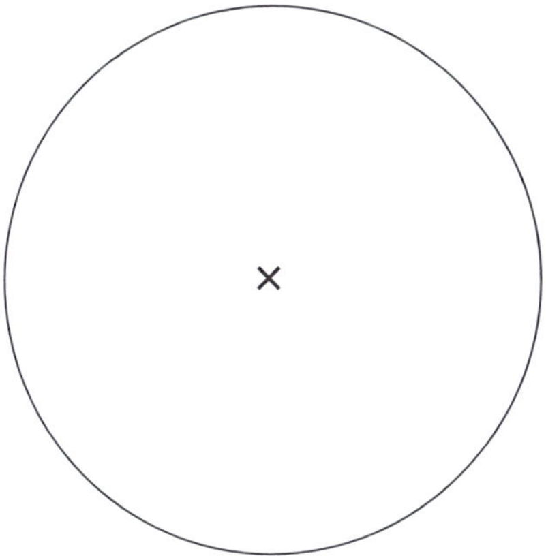

a) Zeichne ein Kreisdiagramm zum Mineralölverbrauch.

b) Berechne, wie viel Tonnen von den einzelnen Bestandteilen verbraucht wurden.

Übung 138

Kreisdiagramme

Im Jahr 2003 verteilte sich die Weltbevölkerung etwa wie folgt: Ozeanien 32 Millionen, Lateinamerika/Karibik 540 Millionen, Afrika 861 Millionen, Nordamerika 323 Millionen, Europa 727 Millionen, Asien 3830 Millionen.

a) Insgesamt lebten auf der Welt etwa 6314 Millionen Menschen. Berechne die Anteile der jeweiligen Gebiete in Prozent.

b) Runde die Prozentsätze sinnvoll und erstelle ein Kreisdiagramm. Hier ist dafür Platz:

Übung 139

Balken- und Kreisdiagramme

Ein Tag hat 24 Stunden. Schreibe dir auf, wie viele Stunden du durchschnittlich für Schule, Schlafen, Essen und Freizeit verbrauchst.

Berechne die Anteile in Prozent und zeichne jeweils ein Balkendiagramm und ein Kreisdiagramm.

Übung 140

Prozentsatz berechnen

Die Luft, die du einatmest, ist ein Gemisch aus verschiedenen Gasen. Deren Anteile sind unterschiedlich groß.
Vergleiche, indem du die Anteile in Prozent umrechnest.

Gas	Anteil	Anteil in Prozent
Edelgase (u. a. Helium, damit kann man fliegende Ballons füllen)	$\frac{1}{100}$	
Kohlendioxid	$\frac{3}{1000}$	
Sauerstoff	$\frac{21}{100}$	
Stickstoff	$\frac{39}{50}$	

Übung 141

Prozentsatz berechnen

In der Tabelle findest du das Geburtsgewicht von Tierbabys und das Gewicht der Tiermütter aufgelistet.

	Tierbaby	Tiermutter	Anteil in %
Elefant	100 kg	5 t	
Giraffe	ca. 50 kg	650 kg	
Panzernashorn	ca. 60 kg	1600 kg	
Zwergmeerschweinchen	30 g	250 g	
Schneeziege	3,5 kg	120 kg	

a) Welches Tier bringt im Verhältnis zum eigenen Körpergewicht die schwersten Jungen zur Welt? Berechne dazu das Verhältnis des Gewichts von den Tierbabys zu dem der Tiermutter und schreibe es in die letzte Spalte.

b) Berechne, wie viel Prozent seines Geburtsgewichts das Tierbaby zunehmen muss, bis es das Gewicht seiner Mutter erreicht.

Übung 142

Prozentsatz berechnen

Ein Kopfhaar wächst in einem Monat ungefähr einen Zentimeter, aber nach etwa 4 Jahren fällt es auch wieder aus. Ein Jugendlicher verliert etwa 40 Haare am Tag, ein Erwachsener sogar 100.
Aber: Nicht alle Menschen haben gleich viele Haare.
Blonde Menschen haben etwa 150 000 Haare auf dem Kopf, braunhaarige etwa 110 000 Haare, schwarzhaarige 100 000 und rothaarige 90 000 Haare.

Berechne, wie viel Prozent seiner Haare ein blonder, braun-, schwarz- und rothaariger Jugendlicher pro Tag etwa verliert.

Übung 143

Prozentsatz berechnen

a) Am 31.12.2002 gab es insgesamt 2 594 323 de-Domains. In der Tabelle findest du die Anzahl der de-Domains in einzelnen Städten.

Stadt	Anzahl	Anteil in %
Stuttgart	67 019	
München	221 427	
Berlin	322 623	
Hamburg	226 713	

Berechne den Anteil in Prozent, runde auf eine Stelle nach dem Komma.

b) Im Januar 1994 gab es 125 145 de-Domains, am 31.12.2003 waren es bereits 7 050 853.
Berechne, um wie viel Prozent die Anzahl in diesen 10 Jahren gestiegen ist.

Übung 144

Prozentwert berechnen

Der menschliche Körper besteht zu 46–75 % aus Wasser, wobei bei Kindern der Wasseranteil mit 75 % am höchsten und bei Frauen mit 46 % am niedrigsten ist. Der Körper eines Jugendlichen besteht zu etwa 60 % aus Wasser.

Wie viel Liter sind das bei

a) einem 15 kg schweren Kind?

b) Frau Muster (68 kg)?

c) Daniel (36 kg)?

d) dir selbst?

e) Ein Erwachsener sollte täglich etwas mehr als 3 % seines Körpergewichtes trinken, ein Kind sogar 10 %.
Wie viel Liter sollten Frau Muster und das Kind täglich trinken?

Übung 145

Prozentwert berechnen

Der menschliche Körper besteht etwa zu 8 % aus Blut, zu 40 % aus Muskeln, und nur 12–20 % des Körpergewichts entfallen auf die ca. 200 Knochen.
Berechne die einzelnen Gewichtsanteile für einen durchschnittlichen Erwachsenen von 75 kg.

Blut: ______________________________

Muskeln: ______________________________

Knochen: ______________________________

5./6. KLASSE
7./8. KLASSE
9./10. KLASSE

Übung 146

Prozentwert berechnen

Jeder Mensch wird, durch seine Erbanlagen bedingt, in eine von vier Blutgruppen eingeteilt. In Europa sind die Blutgruppen in der Bevölkerung folgendermaßen verteilt:

Blutgruppe A:	43 %
Blutgruppe B:	13 %
Blutgruppe 0:	39 %
Blutgruppe AB:	5 %

a) In der Europäischen Union lebten 2003 etwa 380 Millionen Menschen. Berechne, wie viele Menschen zu den jeweiligen Blutgruppen gehörten.

b) In Deutschland gehörten zur Blutgruppe B insgesamt 4,125 Millionen Menschen. Wie viele hatten demzufolge Blutgruppe A, 0 oder AB? (Hier darfst du den Taschenrechner benutzen.)

Übung 147

Prozentwert berechnen

Bei der Quizshow „Wer wird Millionär?“ wurde das Publikum gefragt. Die 200 Zuschauer stimmten folgendermaßen ab:

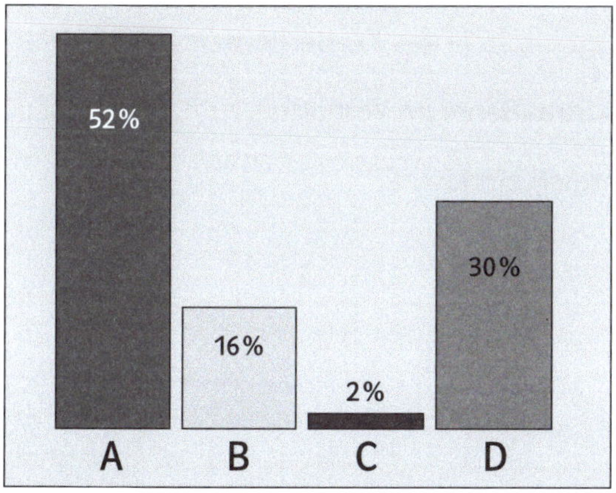

Wie viele Zuschauer entschieden sich jeweils für A, B, C und D?

A: ______________________________

B: ______________________________

C: ______________________________

D: ______________________________

5./6. KLASSE

7./8. KLASSE

9./10. KLASSE

Übung 148

Grundaufgaben berechnen

Ein Strauß wiegt ungefähr 150 kg. Er legt die größten Eier mit einem Gewicht von bis zu 1,8 kg pro Ei.
Der Kiwi mit einem Körpergewicht von 1,7 kg legt das schwerste Ei im Verhältnis zum Körper. Es wiegt ca. 25 % des Körpergewichts des Kiwis.

a) Berechne, wie schwer das Straußenei im Verhältnis zum Körper ist.

b) Wie schwer ist durchschnittlich ein Kiwi-Ei?

Übung 149

Grundaufgaben berechnen

Der Blutanteil macht ungefähr 8 % des Körpergewichts aus.

a) Wie viel Liter Blut hat ein durchschnittlicher Erwachsener mit einem Körpergewicht von 75 kg?

b) Bei einer Blutspende wird ein halber Liter Blut gespendet. Welchem Anteil am Gesamtblut entspricht diese Menge?

c) Ein Mensch gilt schon bei 0,3 ‰ als fahruntüchtig. Welcher Menge an Blutalkohol entspricht dies bei einem durchschnittlichen Erwachsenen?

Übung 150

Grundaufgaben berechnen

Unser Gehirn wiegt etwa 1,3 kg. Sein größter Teil ist das Großhirn (Cerebrum); es macht etwa 85 % der Gehirnmasse aus.

a) Wie viel wiegt das Großhirn?

b) Welchem prozentualen Anteil entspricht die Gehirnmasse eines durchschnittlichen Erwachsenen mit einem Körpergewicht von 75 kg?

c) Welchen prozentualen Anteil am Körpergewicht hat das Großhirn?

Übung 151

Grundaufgaben berechnen

In einer Großstadt werden 40 Abgeordnete gewählt. Die Zahl der Abgeordneten, die jede Partei erhält, entspricht dem Anteil der von ihr gewonnenen Stimmen an der Gesamtzahl der abgegebenen Stimmen.

Es wurden 128 560 gültige Stimmen gezählt. Das Ergebnis sieht folgendermaßen aus:

Partei	**A**	**B**	**C**	**D**	**E**
Stimmen	50 909		36 126	23 912	
Anteil in %		11,6 %			2,1 %
Abgeordnete					

Vervollständige die Tabelle.

Übung 152

Grundaufgaben berechnen

Man überlegt nun, in Großstadt wie bei der Wahl zum Bundestag eine 5%-Hürde einzuführen. Dabei werden zur Sitzverteilung nur noch diejenigen Parteien berücksichtigt, deren Stimmenanteil die 5%-Hürde übersteigt. Partei E wird also bei der Verteilung der Abgeordneten nicht mehr berücksichtigt.

Partei	**A**	**B**	**C**	**D**
Stimmen	50 909	14 913	36 126	23 912
Anteil in %				
Abgeordnete				

a) Vervollständige das Wahlergebnis in der Tabelle.

b) Beurteile die beiden Verfahren. Welche Vorteile, welche Nachteile bieten sie?

Übung 153

Grundaufgaben berechnen

Bei einer Wahl erhält die siegreiche Partei 34 % der Stimmen. In der Zeitung ist zu lesen, dass die Partei im Vergleich zur letzten Wahl 3 Prozentpunkte an Stimmen verloren hat.

a) Berechne, wie hoch der Stimmenanteil der Partei bei der letzten Wahl war.

b) Berechne, wie viel Prozent der Stimmen die Partei verloren hat.

Übung 154

Grundaufgaben berechnen

Ungefähr 28 % der Erdoberfläche besteht aus Land. Der größte Erdteil ist Asien mit einer Fläche von etwa 44 Millionen km². Dies entspricht dem Anteil von 30,45 % an der festen Oberfläche.

a) Berechne die Oberfläche der Erde. Runde auf eine Stelle nach dem Komma.

b) Wie groß ist die Fläche, die von Wasser bedeckt wird?

c) Welche Fläche bedecken die Landmassen?

d) Der Pazifik, der größte Ozean, nimmt etwa 47% der Wasserfläche ein. Wie groß ist er?

e) Deutschland hat eine Fläche von etwa 350 000 km².
Wie groß ist der Anteil Deutschlands an der Erdoberfläche?

Übung 155

Grundaufgaben berechnen

In Deutschland leben ungefähr 82 Millionen Menschen, 80 % davon leben in den Städten. Allein die Hauptstadt Berlin hat rund 3,4 Millionen Einwohner. Hamburg ist mit einem Anteil von etwa 2,1 % die zweitgrößte Stadt. Köln liegt mit rund 1,175 % auf Platz 4 der Großstädte.

a) Berechne, wie viele Menschen in Städten leben.

b) Wie viel Prozent der Bundesbürger leben in Berlin?

c) Berechne, wie viele Einwohner jeweils ungefähr in Köln und Hamburg leben.

Übung 156

Grundaufgaben berechnen

Bei der Abstimmung zum Superhit 2009 hatten die Zuschauer die Wahl zwischen Hit A und Hit B. 58 % stimmten für Hit A, das waren 96 367 Anrufer.

a) Wie viele Anrufer haben sich an der Abstimmung beteiligt?

b) Berechne, wie viele Anrufer für Hit B gestimmt haben.

c) Zeichne ein Balkendiagramm von der Abstimmung.

d) 1000 durch das Los bestimmte Anrufer erhalten einen Gewinn. Berechne den Anteil der Gewinner in Prozent.

Übung 157

Grundaufgaben berechnen

Nicht alle Menschen haben gleich viele Haare. Blonde Menschen haben etwa 150 000 Haare auf dem Kopf, braunhaarige $16\frac{2}{3}\%$ weniger. Hast du schwarze Haare, dann hast du $33\frac{1}{3}\%$ weniger Haare als blonde Menschen. Bist du rothaarig, hast du am wenigsten Haare, nämlich 90 % von denjenigen mit schwarzen Haaren.

Berechne, wie viele Haare braunhaarige, schwarzhaarige und rothaarige Menschen ungefähr auf dem Kopf haben.

Übung 158

Erhöhter und verminderter Grundwert

a) Die größte Antilopenart ist die Elenantilope mit einer Körperlänge von etwa 3 m. Gib die Länge auf 15 % genau an.

b) Die kleinste Antilopenart ist – wie der Name schon sagt – das Kleinstböckchen mit einer Körperhöhe von etwa 25 cm. Gib seine Höhe auf 20 % genau an.

c) In Australien gibt es die größten Schafherden. Es gibt dort etwa 140 Millionen Schafe. Gib die Anzahl der Schafe auf 25 % genau an.

d) Die geschorene Wolle eines Schafes wiegt etwa 27 kg. Gib das Gewicht auf 10 % genau an.

Übung 159

Grundaufgaben berechnen

Berechne jeweils die fehlende Größe.

a)

K in €	1500		1100	500	4000	240	24
Z in €		41,25	44		240	2,40	
p %	2 %	$2\frac{3}{4}$ %		1,75 %		1 %	1,5 %

b)

K in €		15120	63	873,40		500	
Z in €	30	378			54	15	13,05
p %	12 %		7 %	5 %	8 %		4,5 %

Zinsrechnung

Die **Zinsrechnung** ist eine Anwendung der Prozentrechnung.

Es gilt: Zinssatz p % ≙ Prozentsatz p %
Kapital K ≙ Grundwert G
Zinsen Z ≙ Prozentwert W

Das **Kapital** ist das Guthaben.
Die (Jahres-)**Zinsen** sind das Geld, das die Bank für das Guthaben oder Kapital, das man ihr überlässt, bezahlt.

$$\frac{\text{Zinsen}}{\text{Kapital}} = \frac{\text{Zinssatz}}{100}$$

oder kurz

$$\frac{Z}{K} = \frac{p}{100}$$

So sieht die Formel zur Zinsrechnung aus. Merke sie dir gut – mit ihr kannst du alle Zins-Aufgaben lösen!

Durch Umformen erhältst du

$$p\,\% = \frac{Z}{K} \cdot 100$$

zur Berechnung des Zinssatzes p %

$$Z = K \cdot \frac{p}{k}$$

zur Berechnung der Zinsen Z

$$K = \frac{Z}{p} \cdot 100$$

zur Berechnung des Kapitals K

Übung 160

Jahreszinsen berechnen

Berechne die Jahreszinsen

a) für ein Kapital von 280 € bei einem Zinssatz von

0,75 %: ______

1 %: ______

1,5 %: ______

2,75 %: ______

3 %: ______

b) für eine längerfristige Spareinlage von 5000 € bei einem Zinssatz von

3,75 %: ______

4 %: ______

5,5 %: ______

5,75 %: ______

6 %: ______

Übung 161

Jahreszinsen berechnen

Berechne die Jahreszinsen.

Kapital	Zinssatz			
	2,75 %	**3 %**	**4,25 %**	**5,5 %**
100 €				
1500 €				
13 560 €				
24 000 €				
8 €				
72,52 €				

Übung 162

Zinsen berechnen

a) Bei welchem Zinssatz erhält man für 2000 € einen Jahreszins von 20 €; 50 €; 4 €?

b) Bei welchem Zinssatz erhält man für 5000 € einen Jahreszins von 100 €; 250 €; 800 €?

c) Wie viel Zinsen erhält Frau Schlaumeier, wenn sie ihre 1000 € für 3 Jahre zu einem Zinssatz von 2 % anlegt, aber sich jedes Jahr die Zinsen ausbezahlen lässt?

d) Wie viel Zinsen erhält Frau Schlaumeier, wenn sie ihre 1000 € für 3 Jahre zu einem Zinssatz von 2 % anlegt, aber die Zinsen auf dem Konto lässt?

Nach dem 1. Jahr: ______________________________

Nach dem 2. Jahr: ______________________________

Nach dem 3. Jahr: ______________________________

Übung 163

Zinsrechnung in der Praxis

Thuy, Marina und Alena vergleichen ihre Sparbücher.

Berechne für jedes Sparbuch die fehlenden Zinsen und damit die neuen Kontostände am Jahresende.

Übung 164

Erhöhter Grundwert

Sandra, Elisa und Miriam vergleichen ihre Sparbücher.

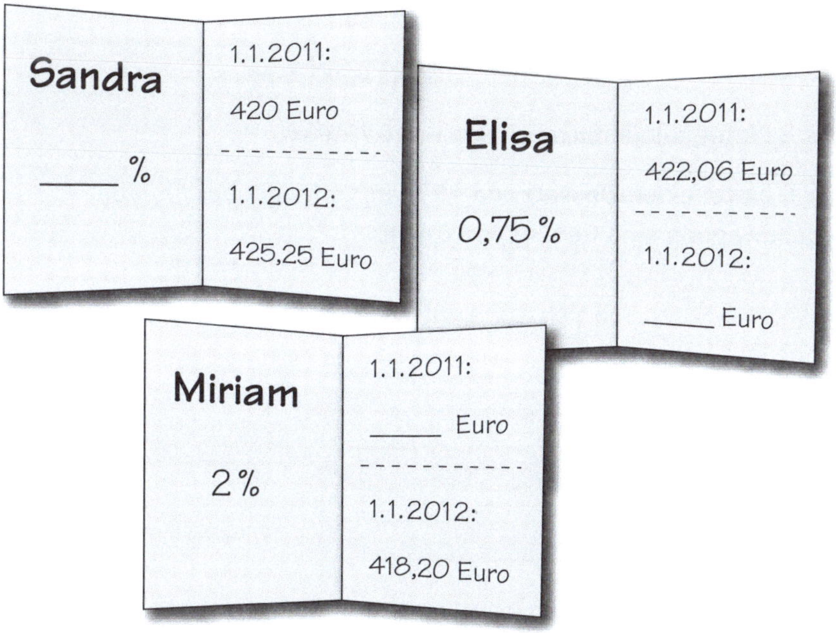

Berechne für jedes Sparbuch die fehlenden Einträge.

5./6. KLASSE

7./8. KLASSE

9./10. KLASSE

Übung 165

Erhöhter Grundwert

Anne möchte für ihr monatliches Taschengeld von 30 € ein eigenes Jugendgirokonto. Sie erhält von den Banken folgende Angebote:

Bank A bietet ihr den jährlichen Zinssatz von 1 % an.

Bank B bietet halbjährliche Zinsen von 0,75 % an.

Bank C bietet einen Zinssatz von 1,5 % an, verlangt aber für jede Kontobewegung eine Gebühr von 0,40 €.

Für welches Konto soll sich Anne entscheiden?
Rechne und begründe.

Berechnung von Tageszinsen

Wird ein Geldbetrag nur für einen **Teil des Jahres** verzinst, wird auch nur ein Teil der Jahreszinsen ausgezahlt. In diesem Fall kannst du mit der nebenstehenden Formel rechnen. Dabei sind t die Tage, für die das Guthaben verzinst wird.

$$Z = K \cdot \frac{p}{100} \cdot \frac{t}{360}$$

Bei Banken gelten folgende Vereinbarungen:
Ein **Bankjahr** entspricht in Deutschland **360 Tagen** bzw. **12 Monaten** und ein **Monat** entspricht **30 Tagen**.

Übung 166

Zinsen berechnen

Quang, Leon und Oskar vergleichen ihre Kontoauszüge. Sie wollen wissen, wie viel Geld sie nach einigen Monaten auf ihren Girokonten haben werden.

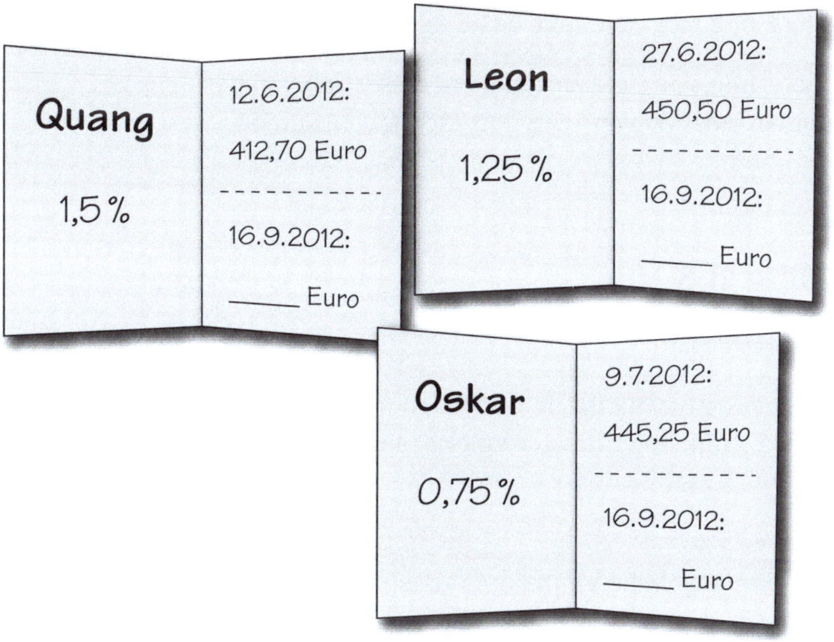

Berechne für jeden Kontoauszug die fehlenden Einträge.

Übung 167

Zinsen berechnen

Nach ihrer Konfirmation zahlt Elisa am 20. April 550 € auf ihr Sparbuch ein. Für ihren Aufenthalt im Zeltlager hebt sie am 25. Juli das Geld wieder ab.

a) Berechne, wie viele Tage das Geld auf ihrem Sparbuch lag.

b) Berechne, wie viele Zinsen ihr in dieser Zeit von der Bank bei einem Zinssatz von 1,5 % gutgeschrieben wurden.

Übung 168

Kreditvergleich

Familie Paul möchte für den Hausbau einen Kredit in Höhe von 150 000 € aufnehmen. Dazu vergleicht sie die Angebote von drei Banken:

Bank 1:
Zinsen: 4,75 %
Bearbeitungsgebühr: einmalig 1 % des Kreditwertes

Bank 2:
Zinsen: 5 %
Bearbeitungsgebühr: keine

Bank 3:
Zinsen: 4,5 %
Bearbeitungsgebühr: einmalig 1,5 % des Kreditwertes

Berechne, welches Angebot für Familie Paul das günstigste ist.

Übung 169

Zinseszinsen

Die Bank bietet einen Sparbrief mit einem festen Zinssatz von 3,25 % bei einer festen Laufzeit von 4 Jahren an.

Berechne schrittweise, welchen Auszahlungsbetrag man nach Ende der Laufzeit erhält, wenn man 3000 € anlegt, aber nie etwas abhebt.

Guthaben nach dem 1. Jahr: ______________________ €

Guthaben nach dem 2. Jahr: ______________________ €

Guthaben nach dem 3. Jahr: ______________________ €

Übung 170

Zinseszinsen

Berechne so weit wie möglich im Kopf.

a) Wie viel Zinsen erhältst du, wenn du 100 € zu 4 % für 6 Monate anlegst?

b) Wie viel Zinsen erhältst du, wenn du 1000 € zu 2 % für 3 Monate anlegst?

c) Wie viel Zinsen erhältst du, wenn du 500 € zu 3 % für 4 Monate anlegst?

d) Wie viel Zinsen erhältst du, wenn du 1000 € zu 2,5 % für 8 Monate anlegst?

9./10. KLASSE

Übung 171

Änderungen beschreiben

Inwiefern ändert sich der Wert eines Bruches, wenn:

a) der Zähler verdoppelt wird?

b) der Nenner verdoppelt wird?

c) der Zähler halbiert wird?

d) der Nenner halbiert wird?

e) der Zähler und der Nenner verdoppelt werden?

f) der Zähler und der Nenner halbiert werden?

g) der Zähler verdoppelt und der Nenner halbiert wird?

h) der Zähler halbiert und der Nenner verdoppelt wird?

Übung 172

Zinsen berechnen

Wie viel Zinsen bringt

a) das ganze Kapital bei doppeltem Zinssatz?

b) das doppelte Kapital bei halbem Zinssatz?

c) das halbe Kapital bei halbem Zinssatz?

d) das dreifache Kapital bei einem Viertel des Zinssatzes?

e) das halbe Kapital bei dreifachem Zinssatz?

f) ein Viertel des Kapitals bei dreifachem Zinssatz?

Übung 173

Anwendungsaufgabe

Die PISA-Studie untersuchte bei 15-Jährigen aus verschiedenen Ländern die Basiskompetenzen in Lesen, Mathematik und Naturwissenschaft. Die Aufgaben waren in Kompetenzstufen von I (leicht) bis V (schwer) eingeteilt.

Die Ergebnisse in Deutschland waren Besorgnis erregend:
10 % erreichten nicht einmal die niedrigste Stufe der Lesekompetenz, so viele wie in keinem anderen untersuchten Land. Auch bei der Leseunlust lasen die deutschen Jugendlichen weit vorne: 42 % lasen nicht zum Vergnügen.

In Mathe erreichten nur 24 % die Kompetenzstufe III, was die Befähigung zur Lösung einfacher Prozentaufgaben ausdrückt. Ebenfalls 24 % erreichten gerade einmal die Kompetenzstufe I, also Grundschulniveau.

Berechne, wie viele von 500 Jugendlichen über die jeweiligen Kompetenzen verfügen.

Übung 174

Anwendungsaufgabe

Du wirst beauftragt, einen neuen Satz von Münzen zu entwerfen.
Alle Münzen sollen rund und silberfarbig sein, aber verschiedene Durchmesser haben. Forscher haben herausgefunden, dass ein idealer Satz von Münzen folgende Anforderungen erfüllt:

- Der Durchmesser der Münzen sollte nicht kleiner als 15 mm und nicht größer als 45 mm sein.
- Ausgehend von einer Münze muss der Durchmesser der nächsten Münze mindestens 30 % größer sein.

Die Prägemaschine kann nur Münzen herstellen, deren Durchmesser in Millimeter ganzzahlig ist (z. B. 17 mm sind zulässig, 17,3 mm nicht).

Entwirf einen Satz von Münzen, der die oben genannten Anforderungen erfüllt. Beginne mit einer 15-Millimeter-Münze. Dein Satz sollte so viele Münzen wie möglich enthalten.

Übung 175

Anwendungsaufgabe

Messing ist eine Legierung (Mischung) aus 70 % Kupfer und 30 % Zink.

a) Berechne die Masse eines Messingstückes, in welchem 225 g Zink enthalten sind.

b) Berechne die Masse des im Messingstück enthaltenen Kupfers.

Übung 176

Anwendungsaufgabe

Da reines Gold ein sehr weiches Metall ist, wird es oft mit anderen Metallen vermischt. Das nennt man Gold-Legierung. In Goldschmuck findest du oft Zahlenangaben wie 333, 585 oder 750. Diese Zahlen entsprechen dem Goldanteil in Tausendsteln.

a) Wandle den Goldanteil in Promille- und Prozentangaben um.

b) Wie viel reines Gold wurde zu einer 333er-Kette mit einem Gewicht von 16 g verarbeitet?

c) Ein 585er-Ring wiegt 3,5 g. Wie viel Gramm reines Gold enthält er?

d) Ein Juwelier will ein 12 g schweres Schmuckstück herstellen. Er hat dafür 8 g Gold zur Verfügung. Welchen Goldgehalt kann das Schmuckstück maximal erhalten?

Übung 177

Anwendungsaufgabe

a) 1 Liter Vollmilch hat einen Fettanteil von 3,5 %. Mit wie viel Wasser musst du die Milch verdünnen, wenn du einen Fettgehalt von 1,5 % erhalten willst?

b) Eine 200 g-Packung Kaffeesahne hat einen Fettanteil von 10 %. Mit wie viel Wasser musst du die Kaffeesahne verdünnen, um 4%ige bzw. 7,5%ige Kaffeemilch zu erhalten?

Übung 178

Anwendungsaufgabe

Kuhmilch hat einen Fettanteil von 3,9 %. Um fettarme Milch (1,5 %) herzustellen, wird der Milch in einer Zentrifuge Fett entzogen. Aus diesem Fett wird Butter hergestellt.

Berechne, wie viel Liter Kuhmilch für die Herstellung von 250 g Butter benötigt werden.

Übung 179

Anwendungsaufgabe

a) Wie viel Gramm Alkohol ist in drei Flaschen Bier (à 0,5 l) mit einem Alkoholgehalt von 5 % enthalten?

b) Alkopops enthalten 6 % Alkohol. Wie viel Gramm Alkohol sind in vier 0,3 l-Flaschen mit Alkopops enthalten?

c) Wie viel Gramm Alkohol sind in drei 0,25 l-Gläsern Wein mit einem Alkoholgehalt von 12 % enthalten?

d) Ein Likör enthält 25 % Alkohol. Wie viel Gramm Alkohol sind in 6 cl Likör enthalten?

Beachte: 1 ml Alkohol wiegt 0,8 g.

Übung 180

Anwendungsaufgabe

Im Straßenverkehrsgesetz steht: „Ordnungswidrig handelt, wer im Straßenverkehr ein Kraftfahrzeug führt, obwohl er […] 0,5 Promille oder mehr Alkohol im Blut […] hat […].“

Der getrunkene Alkohol verteilt sich auf die gesamte Körperflüssigkeit, die unterschiedlich viel sein kann. Du kannst ungefähr von folgenden Werten für den Anteil der Körperflüssigkeit am Gesamtgewicht ausgehen:

	schlank	**füllig**
Mann	65 %	58 %
Frau	56 %	46 %

a) Ist ein 100 kg schwerer Mann nach 2 halben Litern Bier und 2 Schnäpsen (je 0,1 cl; 40 %) noch fahrtüchtig?

b) Nach wie vielen 0,3 l-Flaschen Alkopops hat die schlanke Frau Dullo, 56 kg, eine Blutalkoholkonzentration von über 0,5 ‰?

c) Überlege dir weitere Aufgaben und löse sie.

Beachte: 1 ml Alkohol wiegt 0,8 g.

Übung 181

Anwendungsaufgabe

Wie das Statistische Bundesamt mitteilte, hat Deutschland 2003 Waren im Wert von 70 Mrd. Euro nach Frankreich exportiert. Dies entsprach einem Anteil von 10,6 % an allen deutschen Ausfuhren. In die USA exportierte Deutschland Waren für 61,7 Mrd. Euro und nach Großbritannien für 55,3 Mrd. Euro. Der Anteil der nach Belgien ausgeführten Waren betrug 5 % und der nach Polen und in die Tschechische Republik jeweils 2,5 %.

a) Wie hoch war der Wert aller exportierter Waren?

b) Berechne, welchen Anteil die in die USA und nach Großbritannien exportierten Waren hatten.

c) Wie groß war der Wert der nach Belgien, in die Tschechische Republik und nach Polen ausgeführten Waren?

Übung 182

Anwendungsaufgabe

Familie Saubermann wohnt in einer 94 m^2 großen Stadtwohnung. Letzten Monat erhöhte der Vermieter die Miete um 8 %, um 52 €.

a) Formuliere dazu mindestens eine Frage und beantworte sie.

b) Wie hoch war die alte Miete?

c) Berechne, wie viel Miete Familie Saubermann jetzt bezahlen muss.

Übung 183

Anwendungsaufgabe

Familie Maier (Mutter, Vater, Sohn 15 Jahre, Tochter 10 Jahre) möchte endlich ihren Jahresurlaub buchen. Nach langen Diskussionen bleiben noch zwei Ziele zur Auswahl:

Das Hotel Relax Pur für 609 € pro Person und mit einem Kinderrabatt von 30 % für 2 – 11 Jahre und 20 % für 12 – 16 Jahre und das Hotel Abenteuerland für 589 € pro Person und mit einem generellen Kinderrabatt von 20 %.

Berechne, welches Hotel für Familie Maier günstiger ist.

Übung 184

Anwendungsaufgabe

Chris möchte sich ein Mofa für 1999 € kaufen. Der Händler bietet ihm einen Ratenkauf mit einer Laufzeit von 2 Jahren und Monatsraten zu 95 € an.

a) Berechne den Ratenkaufpreis und vergleiche.

b) Um wie viel Prozent ist der Ratenkauf teurer als der Barkauf?

Übung 185

Anwendungsaufgabe

Das Kaufhaus Preiswert wirbt: Alle Preise bis 75 % reduziert!

Gameboy-Spiele	~~29,50 €~~	5,90 €
CDs	~~14,99 €~~	5,99 €
Bücher	~~7,99 €~~	5,59 €
DVDs	~~29,99 €~~	22,49 €

Was meinst du dazu?

Übung 186

Anwendungsaufgabe

Das Kaufhaus Preiswert erhöht zu Beginn des Jahres alle Elektroartikel zunächst um 10 %. Bei einer späteren Rabattaktion werden die ursprünglich erhöhten Preise um 10 % gesenkt.
Tolga möchte einen Drucker, der zu Jahresbeginn noch 129 € gekostet hat, kaufen. Er meckert: „Da kann ich ja gar nichts sparen!"

a) Formuliere dazu mindestens eine Frage und beantworte sie.

b) Berechne, wie viel der Drucker bei der Rabattaktion noch kostet.

c) Hat Tolga Recht, wenn er behauptet, nichts gespart zu haben?

Übung 187

Anwendungsaufgabe

Das Kaufhaus Preiswert hat Aktionswochen. Jeder DVD-Recorder wird um 30 % reduziert. Zusätzlich erhält man noch 2 % Skonto bei Barzahlung.

a) Herr Geizig zahlt bar. Der DVD-Recorder kostet ihn nur noch 312,13 €. Berechne, wie teuer der DVD-Recorder vor den Aktionswochen war.

b) Herr Geizig freut sich: „Da habe ich ja 32 % gespart".
Hat er damit Recht?

Übung 188

Anwendungsaufgabe

Medaillenspiegel der Olympischen Sommerspiele in Athen 2004.

Land	Medaillen			p %	deine Rangliste	offizielle Rangliste
	G	S	B			
Australien	17	16	16			4.
China	32	17	14			2.
Deutschland	14	16	18			6.
Japan	16	9	12			5.
Russland	27	27	37			3.
USA	35	39	29			1.

a) Überlege dir, nach welchem Verfahren eine Rangliste erstellt werden kann.

b) Insgesamt wurden 929 Medaillen vergeben. Berechne die Prozentsätze in der Tabelle.

c) In der rechten Spalte findest du die offizielle Rangliste. Vergleiche sie mit deiner und der durch die Berechnung der Prozentsätze entstandenen Reihenfolge.

Übung 189

Anwendungsaufgabe

Daniel und Vladimir unterhalten sich über ihre Computerspiele.

Daniel: „Für mein neues Spiel ‚Medaillenjagd' habe ich 80 % meines ganzen Taschengeldes ausgegeben."
Vladimir: „Ich habe für dasselbe Spiel nur 40 % meines Geldes zahlen müssen."
Daniel verwundert: „Dann hast du ja ein richtiges Schnäppchen gemacht."

Es stellt sich jedoch heraus, dass beide genau denselben Betrag gezahlt haben.

Urteile und begründe.

Übung 190

Textaufgaben finden

Berechne und erfinde jeweils eine Textaufgabe zu folgenden Aufgaben.

a) 199 € · 0,75 = ______________________

b) 2500 € · 102,75 = ______________________

c) 250 g · 120 % = ______________________

d) 15 km · ______________________ = 17,5 km

e) ______________________ · 1,1 = 88 €

Übung 191

Anwendungsaufgabe

Ein Paket hat die Kantenlängen 40 cm, 25 cm und 15 cm.
Sein Fassungsvermögen soll um 20 % erhöht werden.

a) Berechne das Volumen des neuen Pakets.

b) Welche Kantenlängen kann das größere Paket haben?
Gib mehrere Möglichkeiten an.

______ cm ______ cm ______ cm

oder

______ cm ______ cm ______ cm

c) Kann ein würfelförmiges Paket dasselbe Volumen haben?

Übung 192

Anwendungsaufgabe

Die Packsets der Post haben folgende Maße in cm:

S	Small	25 × 17,5 × 10
M	Medium	35 × 25 × 12
L	Large	40 × 25 × 15
XL	Extra Large	50 × 30 × 20

a) Um wie viel Prozent ist der Packset-Inhalt des nächsten Pakets größer als der des vorhergehenden?

b) Um wie viel Prozent ist der Materialverbrauch des nächstgrößeren Pakets höher?

Übung 193

Anwendungsaufgabe

Aus einem Quader mit den Seitenlängen $a = 50\,\text{cm}$; $b = 30\,\text{cm}$; $c = 60\,\text{cm}$ wird

a) ein Quader mit $a = 50\,\text{cm}$; $b = 20\,\text{cm}$; $c = 30\,\text{cm}$ herausgeschnitten.

b) ein größtmöglicher Würfel herausgeschnitten.

Berechne jeweils den prozentualen Abfall.

Übung 194

Anwendungsaufgabe

Bei den folgenden Aufgaben sollst du eine Frage formulieren und einen Ansatz zur Berechnung geben.

a) Der Flächeninhalt eines Rechtecks mit 3 cm Breite und 4,8 cm Länge wird um 40 % vergrößert.

b) Der Umfang eines Dreiecks mit den Seiten $a = 3{,}6\,\text{cm}$; $b = 5\,\text{cm}$ und $c = 6{,}4\,\text{cm}$ wird um 20 % verkleinert.

c) Der Rauminhalt eines Quaders mit den Kantenlängen $a = 2\,\text{cm}$; $b = 4\,\text{cm}$ und $c = 10\,\text{cm}$ soll um 20 % erhöht werden.

d) Eine Seitenlänge eines Rechtecks wird um 25 % vergrößert. Der Flächeninhalt bleibt aber gleich.

5./6. KLASSE

7./8. KLASSE

9./10. KLASSE

Übung 195

Kürzen von Bruchtermen

Welcher Bruchterm kann gekürzt werden?
Gib gegebenenfalls den gekürzten Bruchterm an.

Tipp:
Beim Kürzen von Bruchtermen hilft es dir in der Regel, wenn du ausklammerst.

a) $\frac{a + b}{a^2 + b^2}$

b) $\frac{ax + ay}{a(x-y)}$

c) $\frac{x^2 + 2x}{x}$

d) $\frac{2x + 2}{3x + 3}$

e) $\frac{x^2 + 1}{x^2 - 1}$

Bruchterme und Bruchgleichungen

Rechenausdrücke mit Brüchen heißen **Bruchterme**. Im Allgemeinen enthalten Bruchterme neben Zahlen auch **Variablen**. Die Rechenregeln für Brüche können auch auf Bruchterme angewendet werden.

Bruchgleichungen sind Gleichungen mit Bruchtermen. **Bruchgleichungen** kannst du in 6 Schritten lösen:

1. Lege die Definitionsmenge fest.
2. Bestimme den Hauptnenner.
3. Multipliziere beide Seiten mit dem Hauptnenner.
4. Erzeuge durch Kürzen eine Gleichung.
5. Löse diese Gleichung durch Term- bzw. Äquivalenzumformungen.
6. Beachte bei der Bestimmung der Lösungsmenge die Definitionsmenge.

Übung 196

Wert eines Bruchterms berechnen

Berechne den Wert des Terms für $x = 1$. Kürze das Ergebnis gegebenenfalls vollständig.

a) $\frac{x^2 + 2x}{x}$

b) $\frac{2x + 2}{3x + 3}$

c) $\frac{x^2 - 1}{x^2 + 1}$

d) $\frac{x + 2}{x + 3}$

e) $\frac{1}{x - 2 - 1}$

Übung 197

Definitionsmenge bestimmen

Gib die Definitionsmenge an. Schreibe dafür $D = \mathbb{Q} \setminus \{\ldots\}$.

a) $\frac{x^2 + 2x}{x}$

b) $\frac{2x + 2}{3x + 3}$

c) $\frac{x^2 - 1}{x^2 + 1}$

d) $\frac{x + 2}{x + 3}$

e) $\frac{1}{x - 2 - 1}$

Übung 198

Formeln umformen

Löse die Formeln nach der angegebenen Variablen auf.

Größe/Gesetz	Formel (Größengleichung)	auflösen nach ...
Geschwindigkeit	$v = \frac{s}{t}$	s
Beschleunigung	$a = \frac{2s}{t^2}$	s
Freier Fall	$v = g \cdot t$	t
Kraft	$F = m \cdot a$	a
Flächeninhalt Dreieck	$A = \frac{1}{2}gh$	h
Umfang Kreis	$u = 2\pi r$	r

Übung 199

Bruchgleichungen lösen

Gib jeweils die Lösung der Bruchgleichung an.

a) $\frac{1 + 2x}{x} = 1$

b) $\frac{2x + 2}{3x + 3} = 2$

c) $\frac{x^2 - 1}{x^2 + 1} = 1$

d) $\frac{x + 1}{x - 3} = 5$

e) $\frac{1}{x - 2 - 1} = 3$

Übung 200

Bruchgleichungen lösen

Bestimme die Definitionsmenge und die Lösungsmenge der Gleichung.

a) $\frac{3x^2 + x - 7}{x(x-1)} = \frac{x + 4}{x - 1 - \frac{5}{x}}$

b) $\frac{x}{x - 2 - \frac{1}{2}} = \frac{3}{2x - 4}$

LÖSUNGEN

Übung 1

a) $\frac{1}{4}$

b) $\frac{3}{8}$

c) $\frac{8}{15}$

d) $\frac{2}{5}$

e) $\frac{4}{12} = \frac{1}{3}$

Übung 2

Tipp:
Miss die Längen der Strecken $\overline{AB}$ und $\overline{AC}$.

a) $\frac{3}{4}$

b) $\frac{3}{5}$

c) $\frac{1}{3}$

d) $\frac{3}{2}$

Übung 3

a) Die Teile sind nicht gleich groß. Richtig:

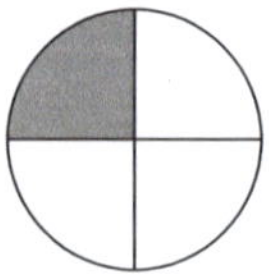

b) richtig
c) Es wurden Zähler und Nenner vertauscht, richtig ist $\frac{1}{6}$.
d) In den Nenner müssen alle Teile, nicht nur die weißen. Richtig ist $\frac{3}{8}$.
e) Die Teile sind nicht gleich groß, das gefärbte Teil ist doppelt so groß wie die anderen. Richtig ist $\frac{2}{4} = \frac{1}{2}$.

Übung 4

a) 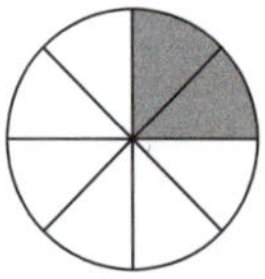

b) 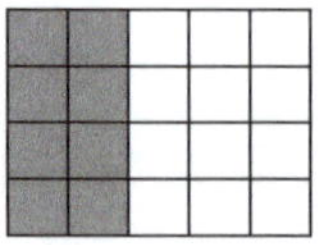

c) 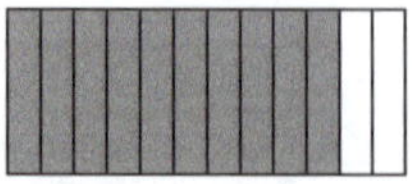

Übung 5

Tipp:

Unterteile die „1“ in so viele gleich lange Abschnitte wie im Nenner steht, und zähle dann so viele Abschnitte ab wie im Zähler steht.

a)

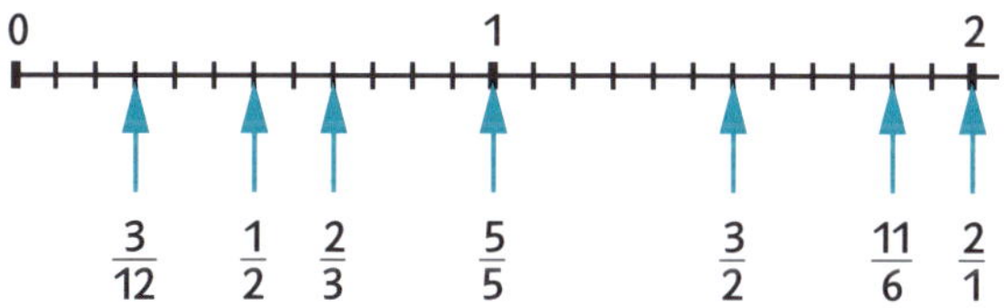

b)

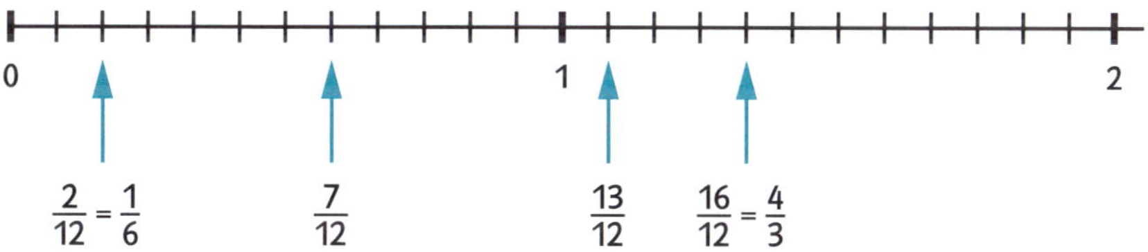

Übung 6

Tipp:

Unterteile die Fläche in so viele **gleich große** Teile wie im Nenner steht, färbe dann so viele wie im Zähler steht.

a)

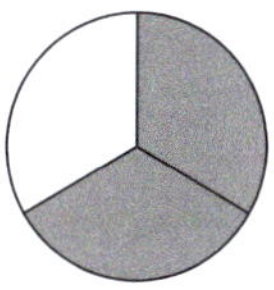

b)

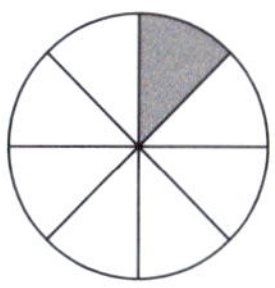

c)

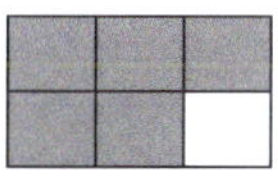

oder

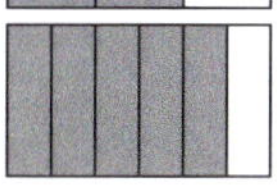

d)

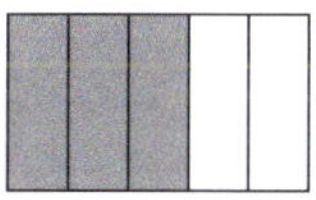

e)

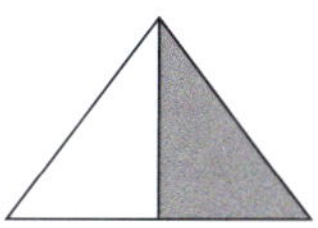

f)

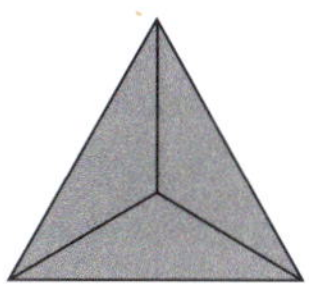

Übung 7

Tipp: Miss die Strecke und ermittle dann den Bruchteil.
Die abgetragene Strecke hat die Länge

a) 4 cm.
b) 6 cm.
c) 2,5 cm.
d) 7,5 cm.

Übung 8

a) 10 Sterne rot
b) 18 Sterne blau

Übung 9

Es gibt immer mehrere Lösungen, hier ist jeweils eine dargestellt.

a)
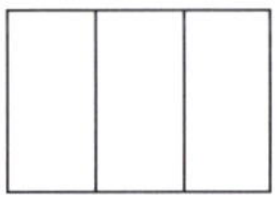

b)

c)
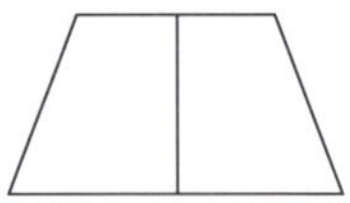

d)
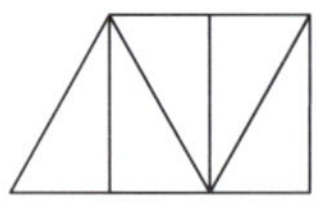

e)
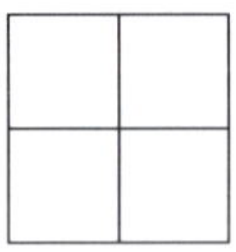

f)
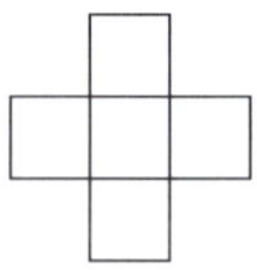

Übung 10

a) **Tipp:**
In den Zähler schreibst du die Anzahl der Schüler mit der entsprechenden Note, in den Nenner die Anzahl der Schüler pro Klasse.

1	2	3	4	5	6
$\frac{3}{24} = \frac{1}{8}$	$\frac{5}{24}$	$\frac{8}{24} = \frac{1}{3}$	$\frac{6}{24} = \frac{1}{4}$	$\frac{2}{24} = \frac{1}{12}$	$\frac{0}{24} = 0$

b) **Tipp:** Teile die Anzahl der Schüler durch 8.
3 Schüler haben keine Hausaufgaben gemacht.

Übung 11

a) In ein DIN A3-Blatt passen 2 DIN A4- und damit 4 DIN A5-Blätter.
DIN A5 ist somit $\frac{1}{4}$ DIN A3.
8 DIN A6-Blätter passen in ein DIN A3-Blatt, DIN A6 ist somit $\frac{1}{8}$ DIN A3.
32 DIN A8-Blätter passen in ein DIN A3-Blatt, DIN A8 ist somit $\frac{1}{32}$ DIN A3.

b) 8 DIN A7-Blätter passen in ein DIN A4-Blatt, 2 DIN A7-Blätter sind somit $\frac{2}{8} = \frac{1}{4}$ DIN A4.
2 DIN A8-Blätter sind $\frac{2}{16} = \frac{1}{8}$ DIN A4.
Andere Überlegung: 2 DIN A7-Blätter sind 1 DIN A6-Blatt und somit $\frac{1}{4}$ DIN A4-Blatt. A8 entsprechend

Übung 12

a) 9
b) 15
c) 56
d) 34
e) 15
f) 32

Übung 13

Tipp:
Überlege, aus wie vielen kleineren Einheiten die größere Einheit besteht.
Teile diese Zahl durch den Nenner und multipliziere mit dem Zähler.

a) 50 cm; 30 cm; 4 cm
b) 600 g; 250 g; 350 g
c) 375 ml; 750 ml; 100 ml

Übung 14

a) 30 min; 45 min; 40 min; 50 min; 24 min

b) $\frac{3}{60} = \frac{1}{20}$; $\frac{17}{60}$; $\frac{35}{60} = \frac{7}{12}$; $\frac{20}{60} = \frac{1}{3}$

c) Minuten: $\frac{25}{60} = \frac{5}{12}$; $\frac{30}{60} = \frac{1}{2}$; $\frac{330}{60} = \frac{11}{2}$

Stunden: $\frac{25}{3600} = \frac{1}{144}$; $\frac{30}{3600} = \frac{1}{120}$; $\frac{330}{3600} = \frac{11}{120}$

Übung 15

a) 24
b) 15
c) 28
d) 72
e) 100
f) 10

Übung 16

a) Es sind $24 : 3 = 8$ Schokoküsse pro Sorte.

b) Wenn $\frac{2}{3}$ der Packung mit Zartbitter voll ist, bleiben noch $\frac{1}{3}$ der Schachtel für die beiden anderen Sorten. $\frac{1}{3}$ der Schachtel sind 8 Schokoküsse, also 4 Schokoküsse mit weißer Schokolade und 4 Schokoküsse mit Vollmilchschokolade. Es kann eine solche Packung geben, die Schokoküsse mit weißer Schokolade nehmen $\frac{1}{6}$ der Packung ein.

Übung 17

Die Flaschen enthält $75\,\text{ml} \cdot 4 = 300\,\text{ml}$.

Übung 18

Podestplätze: $\frac{122}{194} = \frac{61}{97}$

Siege: $\frac{70}{194} = \frac{35}{97}$

Zweite Plätze: $\frac{34}{194} = \frac{17}{97}$

Pole-Positions: $\frac{55}{194}$

Übung 19

	2	**3**	**5**	**8**	**10**
$\mathbf{\frac{1}{2}}$	$\frac{2}{4}$	$\frac{3}{6}$	$\frac{5}{10}$	$\frac{8}{16}$	$\frac{10}{20}$
$\mathbf{\frac{2}{3}}$	$\frac{4}{6}$	$\frac{6}{9}$	$\frac{10}{15}$	$\frac{16}{24}$	$\frac{20}{30}$
$\mathbf{\frac{5}{8}}$	$\frac{10}{16}$	$\frac{15}{24}$	$\frac{25}{40}$	$\frac{40}{64}$	$\frac{50}{80}$
$\mathbf{\frac{7}{10}}$	$\frac{14}{20}$	$\frac{21}{30}$	$\frac{35}{50}$	$\frac{56}{80}$	$\frac{70}{100}$
$\mathbf{\frac{6}{15}}$	$\frac{12}{30}$	$\frac{18}{45}$	$\frac{30}{75}$	$\frac{48}{120}$	$\frac{60}{150}$
$\mathbf{\frac{3}{20}}$	$\frac{6}{40}$	$\frac{9}{60}$	$\frac{15}{100}$	$\frac{24}{160}$	$\frac{30}{200}$
$\mathbf{\frac{4}{9}}$	$\frac{8}{18}$	$\frac{12}{27}$	$\frac{20}{45}$	$\frac{32}{72}$	$\frac{40}{90}$

Übung 20

Tipp:

Die Erweiterungszahl erhältst du, indem du den gewünschten Nenner durch den vorhandenen Nenner teilst.

a) $\frac{15}{10}; \frac{2}{10}; \frac{60}{10}; \frac{8}{10}$

b) $\frac{10}{12}; \frac{6}{12}; \frac{8}{12}; \frac{21}{12}$

c) $\frac{18}{24}; \frac{15}{24}; \frac{46}{24}; \frac{60}{24}$

5./6. KLASSE

7./8. KLASSE

9./10. KLASSE

Übung 21

a) $\frac{25}{100}$

b) $\frac{50}{100}$

c) $\frac{85}{100}$

d) $\frac{96}{100}$

e) $\frac{2}{100}$

f) Die entstandenen Zahlen können als Prozentzahlen geschrieben werden:
25 %; 50 %; 85 %; 96 %; 2 %

Übung 22

$\frac{5}{8} = \frac{15}{24}$

$\frac{1}{2} = \frac{2}{4}$

$\frac{2}{3} = \frac{8}{12} = \frac{24}{36}$

$\frac{3}{5} = \frac{6}{10} = \frac{18}{30}$

$\frac{7}{10} = \frac{35}{50} = \frac{70}{100}$

Übung 23

Tipp:
Der Hauptnenner ist das kleinste gemeinsame Vielfache der beiden Nenner.

a) $\frac{3}{6}; \frac{4}{6}$

b) $\frac{6}{8}; \frac{1}{8}$

c) $\frac{3}{12}; \frac{10}{12}$

d) $\frac{21}{24}; \frac{30}{24}$

e) $\frac{18}{30}; \frac{5}{30}$

f) $\frac{48}{60}; \frac{33}{60}$

Übung 24

a) $\frac{42}{60}$; $\frac{24}{60}$; $\frac{9}{60}$

b) $\frac{15}{24}$; $\frac{4}{24}$; $\frac{22}{24}$

c) $\frac{25}{30}$; $\frac{12}{30}$; $\frac{21}{30}$

d) $\frac{21}{36}$; $\frac{1}{36}$; $\frac{10}{36}$

e) $\frac{12}{21}$; $\frac{14}{21}$; $\frac{210}{21}$

Übung 25

Tipp:
Beim Kürzen musst du Zähler **und** Nenner durch dieselbe Zahl teilen.

a) $\frac{4}{7}$

b) $\frac{1}{2}$

c) nicht möglich

d) $\frac{12}{7}$

e) $\frac{8}{1} = 8$

Aufgabe c) kann mit 2 gekürzt werden: $\frac{6}{5}$

Übung 26

Tipp:
Du musst entweder den Zähler oder den Nenner betrachten und ermitteln, durch welche Zahl geteilt wurde. Führe dann die Probe mit dem anderen Teil des Bruches durch.

a) 2
b) 6
c) 3
d) 11
e) 13

Übung 27

a) $\frac{1}{3}$

b) $\frac{2}{3}$

c) $\frac{7}{15}$

d) $\frac{3}{5}$

e) $\frac{3}{4}$

f) geht nicht mehr zu kürzen

Übung 28

a) $\frac{2}{10} = \frac{1}{5}$

b) $\frac{36}{24} = \frac{18}{12} = \frac{9}{6}$

c) $\frac{12}{32} = \frac{3}{8}$

d) $\frac{60}{45} = \frac{12}{9} = \frac{4}{3}$

Übung 29

a) ☐ Der Zähler muss auch erweitert werden: $\frac{1}{5} = \frac{2}{10}$.

b) ☒ Richtig, es wurde mit 3 erweitert.

c) ☐ Hier wurde mit unterschiedlichen Zahlen gekürzt.
Richtig: $\frac{15}{20} = \frac{3}{4}$

d) ☐ Bei dieser Aufgabe muss man beachten, dass hier eigentlich Brüche mit dem Nenner 1 stehen. Dieser Nenner muss ebenfalls erweitert werden: $30 = \frac{60}{2}$.

e) ☒ Richtig, es wurde mit 9 gekürzt.

f) ☐ 3 : 3 = 1! Richtig: $\frac{3}{9} = \frac{1}{3}$

Übung 30

Tipp:

Gleichnamig bedeutet, dass die Brüche denselben Nenner haben. Am günstigsten ist hierbei der Hauptnenner.
In allen Lösungen wurde auf den Hauptnenner erweitert.

a) $\frac{65}{25}$ und $\frac{22}{25}$

b) $\frac{42}{90}$ und $\frac{27}{90}$

c) $\frac{20}{105}$ und $\frac{14}{105}$

d) $\frac{21}{140}$ und $\frac{25}{140}$

Übung 31

		Hauptnenner	Erweiterungszahlen
a)	$\frac{3}{10}$ und $\frac{11}{15}$	30	3 und 2
b)	$\frac{13}{24}$ und $\frac{17}{18}$	72	3 und 4
c)	$\frac{3}{7}$ und $\frac{5}{12}$	84	12 und 7
d)	$\frac{21}{52}$ und $\frac{6}{13}$	52	1 und 4

Übung 32

Tipp:

Kürze jeden Bruch so weit wie möglich und schreibe das Ergebnis daneben.
Suche dann gleiche Brüche.

$\frac{6}{9} = \frac{10}{15} = \frac{12}{18} = \frac{14}{21}$ (vollständig gekürzt: $\frac{2}{3}$)

$\frac{6}{8} = \frac{12}{16} = \frac{15}{20} = \frac{27}{36}$ ($\frac{3}{4}$)

$\frac{12}{15} = \frac{20}{25} = \frac{28}{35} = \frac{32}{40}$ ($\frac{4}{5}$)

$\frac{15}{24} = \frac{20}{32} = \frac{35}{56} = \frac{45}{72}$ ($\frac{5}{8}$)

$\frac{3}{7} = \frac{12}{28} = \frac{18}{42} = \frac{21}{49}$ ($\frac{3}{7}$)

Übung 33

Tipp:

Du musst die Brüche gleichnamig machen und dann die Zähler vergleichen.

a) Hauptnenner 15; $\frac{1}{3} = \frac{5}{15}$; $\frac{2}{5} = \frac{6}{15}$; $\frac{5}{15} < \frac{6}{15}$; also $\frac{1}{3} < \frac{2}{5}$

b) Hauptnenner 32; $\frac{3}{4} = \frac{24}{32}$; $\frac{11}{16} = \frac{22}{32}$; $\frac{24}{32} > \frac{22}{32}$; also $\frac{3}{4} > \frac{11}{16}$

c) $<$

d) $=$

e) $>$

f) $=$

Übung 34

a) $\frac{7}{20} < \frac{1}{2} < \frac{17}{30}$

b) $\frac{19}{80} < \frac{1}{4} < \frac{27}{100}$

c) $\frac{6}{21} < \frac{1}{3} < \frac{7}{18}$

d) $\frac{7}{16} < \frac{1}{2} < \frac{13}{24}$

e) $\frac{11}{36} < \frac{1}{3} < \frac{12}{33}$

Übung 35

Tipp:

Du musst die Brüche gleichnamig machen und dann die Zähler vergleichen.

a) Hauptnenner 12; $\frac{5}{2} = \frac{30}{12}$; $\frac{7}{3} = \frac{28}{12}$; $\frac{27}{12} < \frac{28}{12} < \frac{30}{12}$ also $\frac{27}{12} < \frac{7}{3} < \frac{5}{2}$

b) $\frac{3}{4} < \frac{5}{6} < \frac{7}{8}$

c) $\frac{3}{7} < \frac{1}{2} < \frac{2}{3}$

d) $\frac{2}{5} < \frac{5}{12} < \frac{7}{15}$

Übung 36

Hauptnenner 80; $\frac{5}{16} = \frac{25}{80}$; $\frac{3}{10} = \frac{24}{80}$; $\frac{25}{80} > \frac{24}{80}$ daher $\frac{5}{16} > \frac{3}{10}$.

Man sollte also an der zweiten Bude kaufen.

Übung 37

Tipp:

Gleicher Zähler: Der Bruch mit dem größeren Nenner ist die kleinere Zahl.
Gleicher Nenner: Der Bruch mit dem kleineren Zähler ist die kleinere Zahl.

a) D B A C
b) B A D C

Übung 38

a) $\frac{4}{5}$

b) $\frac{22}{27}$

c) $\frac{36}{14} = \frac{18}{7}$

d) $\frac{6}{3} = 2$

e) $\frac{4}{7}$

f) $\frac{18}{100} = \frac{9}{50}$

Übung 39

a) Hauptnenner 8; $\frac{1}{4} = \frac{2}{8}$; $\frac{2}{8} + \frac{3}{8} = \frac{5}{8}$

b) $\frac{17}{12}$

c) $\frac{35}{24}$

d) $\frac{3}{20}$

e) $\frac{33}{56}$

f) $\frac{10}{18} = \frac{5}{9}$

g) 0

Übung 40

a) Hauptnenner 8; $\frac{6}{1} = \frac{48}{8}$; $\frac{48}{8} + \frac{7}{8} = \frac{55}{8}$

b) $\frac{25}{6}$

c) $\frac{43}{5}$

d) $\frac{73}{3}$

e) $\frac{13}{2}$

f) $\frac{122}{13}$

Übung 41

a) $\frac{27}{12} = \frac{9}{4}$

b) $\frac{55}{56}$

c) $\frac{2}{14} = \frac{1}{7}$

d) $\frac{69}{75} = \frac{23}{25}$

e) $\frac{49}{90}$

f) $\frac{7}{8}$

Übung 42

$\frac{1}{2}$	$\frac{3}{4}$	$\frac{1}{8}$	$\frac{2}{3}$
$\frac{5}{4}$	$\frac{7}{8}$	$\frac{19}{24}$	
$\frac{17}{8}$	$\frac{5}{3}$		
$\frac{91}{24}$			

$\frac{2}{5}$	$\frac{1}{6}$	$\frac{1}{3}$	$\frac{5}{9}$
$\frac{17}{30}$	$\frac{1}{2}$	$\frac{8}{9}$	
$\frac{16}{15}$	$\frac{25}{18}$		
$\frac{221}{90}$			

Übung 43

$\frac{7}{8}$	$\frac{5}{12}$	$\frac{7}{12}$
$\frac{1}{3}$	$\frac{5}{8}$	$\frac{11}{12}$
$\frac{2}{3}$	$\frac{5}{6}$	$\frac{3}{8}$

$\frac{13}{18}$	$\frac{4}{9}$	$\frac{1}{3}$
$\frac{1}{9}$	$\frac{1}{2}$	$\frac{8}{9}$
$\frac{2}{3}$	$\frac{5}{9}$	$\frac{5}{18}$

Übung 44

a) Es dürfen nicht einfach die Zähler miteinander addiert und die Nenner miteinander addiert werden, sondern die Brüche müssen gleichnamig gemacht werden.

Richtig: $\frac{7}{28} + \frac{4}{28} = \frac{11}{28}$

b) Bei gleichen Nennern werden die Zähler addiert und der Nenner beibehalten, hier wurde es umgekehrt gemacht.

Richtig: $\frac{18}{45} + \frac{10}{45} = \frac{28}{45}$

c) Der Nenner wird beibehalten, nicht addiert.

Richtig: $\frac{10}{8} = \frac{5}{4}$

d) Die Brüche müssen vor der Subtraktion gleichnamig gemacht werden, hier wurde einfach einer der Nenner ausgesucht.

Richtig: $\frac{5}{6} - \frac{3}{6} = \frac{2}{6} = \frac{1}{3}$

e) Hier wurde multipliziert statt addiert:

Richtig: $\frac{15}{9} + \frac{2}{9} = \frac{17}{9}$

Übung 45

Tipp:

Du musst zuerst ermitteln, welcher Bruch größer ist, und dann den kleineren vom größeren subtrahieren.

a) Hauptnenner: 24; $\frac{2}{3} = \frac{16}{24}$; $\frac{1}{8} = \frac{3}{24}$; $\frac{16}{24} - \frac{3}{24} = \frac{13}{24}$; also $\frac{2}{3} - \frac{1}{8} = \frac{13}{24}$

b) $\frac{5}{12} - \frac{5}{16} = \frac{5}{48}$

c) $\frac{8}{9} - \frac{7}{12} = \frac{11}{36}$

d) $\frac{3}{8} - \frac{11}{36} = \frac{5}{72}$

e) $\frac{5}{3} - \frac{1}{7} = \frac{32}{21}$

Übung 46

a) Du erhältst einen ganzen Kreis.

b) $\frac{7}{8}$

c) $\frac{2}{3}$

d) $\frac{17}{24}$

Übung 47

Tipp:

Bedenke, dass du teilweise ein größeres Stück durch kleinere ersetzen kannst.

a) $\frac{1}{2}; \frac{1}{4}$; $\frac{1}{2}; \frac{1}{8}; \frac{1}{8}$; $\frac{1}{3}; \frac{1}{6}; \frac{1}{4}$; $\frac{1}{3}; \frac{1}{6}; \frac{1}{8}; \frac{1}{8}$

b) $\frac{1}{6}; \frac{1}{6}; \frac{1}{3}$; $\frac{1}{2}; \frac{1}{6}$; $\frac{1}{4}; \frac{1}{4}; \frac{1}{6}$; $\frac{1}{8}; \frac{1}{8}; \frac{1}{4}; \frac{1}{6}$

Übung 48

Butter und Zucker: $\frac{1}{2}$ kg = 500 g;

Butter, Zucker und Mehl: $\frac{9}{10}$ kg = 900 g

Übung 49

a) In die zwei Karaffen kommt $\frac{1}{2}$ l, in die drei Gläser $\frac{3}{5}$ l; $\frac{1}{2}\,l + \frac{3}{5}\,l = \frac{11}{10}\,l$.

Sie braucht beide Flaschen.

b) In beiden Flaschen sind $\frac{14}{10}\,l = \frac{7}{5}\,l$, es bleiben $\frac{7}{5}\,l - \frac{11}{10}\,l = \frac{3}{10}\,l$ übrig.

Übung 50

Tipp:
Du musst die Menge der Sahne von der Menge des Wassers abziehen.

$\frac{3}{4}\,l - \frac{1}{8}\,l = \frac{5}{8}\,l$

Es werden noch $\frac{5}{8}\,l = 625\,ml$ Wasser benötigt.

Übung 51

a) Hauptnenner 60; $\frac{1}{4} = \frac{15}{60}$; $\frac{1}{15} = \frac{4}{60}$; $\frac{15}{60} + \frac{1}{60} + \frac{4}{60} = \frac{20}{60} = \frac{1}{3}$

Es ist $\frac{1}{3}$ des Einkommens verbraucht und $\frac{2}{3}$ sind noch übrig.

b) Miete: 3000 € : 4 = 750 €
Telefon: 3000 € : 60 = 50 €
Lebensmittel: 3000 € : 15 = 200 €

c) 700 € · 4 = 2800 €

Übung 52

a) Bedenke: $2 = \frac{2}{1}$

$\frac{2}{1} \cdot \frac{2}{3} = \frac{4}{3}$

b) $\frac{3}{1} \cdot \frac{3}{4} = \frac{9}{4}$

c) $\frac{9}{7} \cdot \frac{1}{3} = \frac{3}{7}$

d) $\frac{5}{6} \cdot \frac{4}{1} = \frac{20}{6} = \frac{10}{3}$

e) $\frac{11}{8} \cdot \frac{1}{2} = \frac{11}{16}$

f) $\frac{25}{1} \cdot \frac{1}{25} = \frac{25}{25} = 1$

Übung 53

	$\frac{5}{6}$	$\frac{1}{10}$	$\frac{7}{8}$	$\frac{9}{13}$
$\frac{1}{2}$	$\frac{5}{12}$	$\frac{1}{20}$	$\frac{7}{16}$	$\frac{9}{26}$
$\frac{2}{3}$	$\frac{10}{18}=\frac{5}{9}$	$\frac{2}{30}=\frac{1}{15}$	$\frac{14}{24}=\frac{7}{12}$	$\frac{18}{39}=\frac{6}{13}$
$\frac{3}{4}$	$\frac{15}{24}=\frac{5}{8}$	$\frac{3}{40}$	$\frac{21}{32}$	$\frac{27}{52}$
$\frac{5}{8}$	$\frac{25}{48}$	$\frac{5}{80}=\frac{1}{16}$	$\frac{35}{64}$	$\frac{45}{104}$
$\frac{7}{12}$	$\frac{35}{72}$	$\frac{7}{120}$	$\frac{49}{96}$	$\frac{21}{52}$

Übung 54

Tipp:

Wenn du vor dem Rechnen kürzt, wird die Aufgabe viel einfacher.

a) $\frac{\overset{1}{\cancel{24}}}{\underset{3}{\cancel{75}}} \cdot \frac{\overset{1}{\cancel{25}}}{\underset{2}{\cancel{48}}} = \frac{1 \cdot 1}{3 \cdot 2} = \frac{1}{6}$

b) 4

c) $\frac{14}{3}$

d) $\frac{28}{9}$

e) 1

Übung 55

a) $\frac{3}{4} \cdot \frac{1}{2}\,\text{m} = \frac{3}{8}\,\text{m}$

b) $\frac{3}{16}\,\text{kg}$

c) $\frac{5}{24}\,\text{l}$

d) $\frac{9}{8}\,\text{cm}$

e) $\frac{3}{5}\,\text{g}$

Übung 56

Tipp:
Der Kehrbruch einer Bruchzahl ergibt sich, indem Zähler und Nenner der Bruchzahl vertauscht werden.

a) 3

b) $\frac{36}{25}$

c) $\frac{89}{76}$

d) $\frac{233}{100}$

e) $\frac{1}{6}$

f) $\frac{1}{2005}$

Übung 57

a) $\frac{1}{2} \cdot \frac{4}{3} = \frac{2}{3}$

b) $\frac{2}{3} \cdot \frac{2}{3} = \frac{4}{9}$

c) $\frac{5}{4} \cdot \frac{8}{7} = \frac{10}{7}$

d) $\frac{7}{9} \cdot \frac{10}{1} = \frac{70}{9}$

e) $\frac{11}{25} \cdot \frac{3}{2} = \frac{33}{50}$

f) $\frac{3}{4} \cdot \frac{5}{2} = \frac{15}{8}$

g) $\frac{3}{8} \cdot \frac{8}{7} = \frac{3}{7}$

h) $\frac{6}{7} \cdot \frac{14}{3} = 4$

i) $\frac{18}{14} \cdot \frac{28}{6} = 6$

Übung 58

a) $\frac{\overset{2}{\cancel{32}}}{\underset{5}{\cancel{45}}} \cdot \frac{\overset{7}{\cancel{63}}}{\underset{1}{\cancel{16}}} = \frac{14}{5}$

b) $\frac{\overset{\overset{1}{\cancel{3}}}{\cancel{24}}}{\underset{\underset{1}{\cancel{3}}}{\cancel{39}}} \cdot \frac{\overset{1}{\cancel{15}}}{\underset{5}{\cancel{40}}} = \frac{1}{5}$

c) $\frac{\overset{\overset{1}{\cancel{3}}}{\cancel{45}}}{\underset{\underset{1}{\cancel{3}}}{\cancel{51}}} \cdot \frac{\overset{2}{\cancel{34}}}{\underset{7}{\cancel{105}}} = \frac{2}{7}$

d) $\frac{\overset{1}{\cancel{213}}}{\underset{1}{\cancel{100}}} \cdot \frac{\overset{1}{\cancel{100}}}{\underset{1}{\cancel{213}}} = 1$

e) $\frac{\overset{2}{\cancel{200}}}{\underset{1}{\cancel{100}}} \cdot \frac{3}{13} = \frac{6}{13}$

Übung 59

Tipp:

Betrachte die Doppelbrüche als Divisionsaufgabe. Vergiss nicht zu kürzen.

Beispiel: $\frac{\frac{2}{3}}{\frac{3}{4}} = \frac{2}{3} : \frac{3}{4} = \frac{2}{3} \cdot \frac{4}{3} = \frac{8}{9}$

a) $\frac{1}{2} : \frac{1}{4} = 2$

b) $\frac{5}{6} : \frac{11}{12} = \frac{10}{11}$

c) $\frac{2}{5} : 4 = \frac{1}{10}$

d) $5 : \frac{9}{10} = \frac{50}{9}$

Übung 60

Tipp:

Du kannst Zähler und Nenner einzeln betrachten und zerlegen.

$$1 \cdot \frac{25}{36} = \frac{1}{2} \cdot \frac{25}{18} = \frac{1}{3} \cdot \frac{25}{12} = \frac{1}{4} \cdot \frac{25}{9}$$

$$= \frac{1}{6} \cdot \frac{25}{6} = \frac{1}{9} \cdot \frac{25}{4} = \frac{1}{12} \cdot \frac{25}{3}$$

$$= \frac{1}{18} \cdot \frac{25}{2} = \frac{1}{36} \cdot 25 = 5 \cdot \frac{5}{36}$$

$$= \frac{5}{2} \cdot \frac{5}{18} = \frac{5}{3} \cdot \frac{5}{12} = \frac{5}{4} \cdot \frac{5}{9}$$

$$= \frac{5}{6} \cdot \frac{5}{6}$$

Man kann natürlich jedes Produkt umdrehen, aber wegen des Kommutativgesetzes ergibt sich dadurch keine neue Möglichkeit. Es sind 14 Möglichkeiten.

Übung 61

a) $\frac{8}{7}$

b) $\frac{12}{5} : \frac{4}{3} = \frac{9}{5}$ ist das Dreifache der Zahl, die Zahl ist $\frac{3}{5}$.

c) $\frac{3}{13} \cdot \frac{3}{2} = \frac{9}{26}$ ist die Hälfte der Zahl, die Zahl ist $\frac{9}{13}$.

Übung 62

a) $12 \cdot \frac{3}{4}\,\text{l} = 9\,\text{l}$; in einer Getränkekiste befinden sich ingesamt 9 l.

b) In $\frac{1}{2}$ Kasten befinden sich $\frac{9}{2}$ l.
In einem $\frac{3}{4}$ Kasten befinden sich $\frac{27}{4}$ l.
In einem $\frac{5}{6}$ Kasten befinden sich $\frac{15}{2}$ l.

c) $\frac{2}{3}$ des Kastens ist übrig.

d) $\frac{1}{2}$ Flasche enthält $\frac{3}{8}$ l.

Übung 63

a) 30 Eier: $30 \cdot \frac{3}{2}\,\text{kg} = 45\,\text{kg}$

40 Eier: $40 \cdot \frac{3}{2}\,\text{kg} = 60\,\text{kg}$

Das Nest muss also ein Gewicht von 60 kg aushalten.

b) $1700\,\text{g} \cdot \frac{1}{4} = \frac{1700}{4}\,\text{g} = 425\,\text{g}$

Das Ei des Kiwis wiegt also 425 g.

Übung 64

a) **Tipp:** Zeichne einen Zahlenstrahl und trage die Brüche ein.

Zwischen 1 und $\frac{1}{2}$.

b) Die Röhren werden kürzer, da die Brüche kleiner als 1 sind und immer kleiner werden.

c) **Tipp:** Multipliziere die jeweilige Bruchzahl mit 16 cm.

$16\,\text{cm} \cdot \frac{8}{9} = \frac{128}{9}\,\text{cm} = 14{,}\overline{2}\,\text{cm}$

$16\,\text{cm} \cdot \frac{4}{5} = \frac{64}{5}\,\text{cm} = 12{,}8\,\text{cm};$

$16\,\text{cm} \cdot \frac{3}{4} = 12\,\text{cm};$

$16\,\text{cm} \cdot \frac{2}{3} = \frac{32}{3}\,\text{cm} = 10{,}\overline{6}\,\text{cm};$

$16\,\text{cm} \cdot \frac{3}{5} = \frac{48}{5}\,\text{cm} = 9{,}6\,\text{cm};$

$16\,\text{cm} \cdot \frac{8}{15} = \frac{128}{15}\,\text{cm} = 8{,}5\overline{3}\,\text{cm};$

$16\,\text{cm} \cdot \frac{1}{2} = 8\,\text{cm}$

Übung 65

a) $50 \cdot \frac{3}{5}\,l = 30\,l$

Der Körper eines 50 kg schweren Erwachsenen enthält 30 l Wasser.

b) $6 \cdot \frac{7}{10}\,l = \frac{21}{5}\,l = 4{,}2\,l$ enthält der Körper eines 6 kg schweren Säuglings.

c) Rechne dein Gewicht $\cdot \frac{3}{5}$.

Übung 66

a) $2\frac{1}{2} = \frac{2 \cdot 2 + 1}{2} = \frac{4 + 1}{2} = \frac{5}{2}$

b) $\frac{47}{8}$

c) $\frac{75}{7}$

d) $\frac{41}{3}$

e) $\frac{184}{9}$

f) $\frac{31}{4}$

Übung 67

a) $\frac{5}{3} = 5 : 3 = 1$ Rest 2; also $1\frac{2}{3}$

b) $2\frac{8}{15}$

c) $4\frac{1}{2}$

d) $20\frac{1}{4}$

e) $5\frac{5}{6}$

f) $2\frac{5}{9}$

Übung 68

a) $2\frac{1}{4} = \frac{9}{4}$

b) $1\frac{1}{3} = \frac{4}{3}$

c) $5\frac{2}{3} = \frac{17}{3}$

d) $3\frac{4}{7} = \frac{25}{7}$

5./6. KLASSE

7./8. KLASSE

9./10. KLASSE

Übung 69

Tipp:

Ist eine gemischte Zahl und ein unechter Bruch zu vergleichen, forme erst so um, dass entweder beides unechte Brüche oder beides gemischte Zahlen sind.

a) $3\frac{2}{5} = \frac{15}{5} + \frac{2}{5} = \frac{17}{5}$;

also $\frac{16}{5} < 3\frac{2}{5}$

b) $4\frac{6}{7} = \frac{28}{7} + \frac{6}{7} = \frac{34}{7} = \frac{442}{91}$

$4\frac{11}{13} = \frac{52}{13} + \frac{11}{13} = \frac{63}{13} = \frac{441}{91}$;

also $4\frac{11}{13} < 4\frac{6}{7}$

c) $7\frac{3}{8} = \frac{56}{8} + \frac{3}{8} = \frac{59}{8} = \frac{118}{16}$

$\frac{29}{4} = \frac{116}{16}$

$7\frac{7}{16} = \frac{112}{16} + \frac{7}{16} = \frac{119}{16}$;

also $\frac{29}{4} < 7\frac{3}{8} < 7\frac{7}{16}$

d) $12\frac{3}{4} = \frac{48}{4} + \frac{3}{4} = \frac{51}{4}$

$\frac{25}{2} = \frac{50}{4}$;

also $\frac{25}{2} < \frac{51}{4} < 12\frac{3}{4}$

Übung 70

$8\frac{7}{9} = \frac{79}{9}$; $1\frac{1}{3} = \frac{4}{3}$; $5\frac{2}{9} = \frac{47}{9}$; $7\frac{1}{12} = \frac{85}{12}$;

$15\frac{5}{9} = \frac{140}{9}$; $4\frac{5}{12} = \frac{53}{12}$; $3\frac{7}{12} = \frac{43}{12}$; $2\frac{1}{12} = \frac{25}{12}$.

Übrig bleibt $\frac{8}{3}$.

Übung 71

Tipp:

Du kannst die ganzen Zahlen und die Brüche einzeln miteinander addieren. Kommt im Ergebnis ein unechter Bruch heraus, musst du diesen wieder in eine gemischte Zahl umwandeln und die Ganzen zu den schon vorhandenen Ganzen addieren.

a) $8\frac{4}{5}$

b) $8\frac{4}{4} = 9$

c) $13\frac{5}{10} = 13\frac{1}{2}$

d) $7 + \frac{43}{35} = 8\frac{8}{35}$

e) $32\frac{11}{12}$

f) $28 + \frac{37}{36} = 29\frac{1}{36}$

Übung 72

Tipp:

Du kannst die ganzen Zahlen und die Brüche einzeln subtrahieren. Ist der zweite Bruch größer als der erste, musst du zuerst die erste Zahl umwandeln.

Beispiel: $5\frac{1}{4} - 2\frac{1}{2}$

$= 4 + 1 + \frac{1}{4} - 2 - \frac{1}{2}$

$= 4 + \frac{5}{4} - 2 - \frac{1}{2}$

$= 2\frac{3}{4}$

a) $1\frac{1}{7}$

b) $2\frac{1}{4}$

c) $\frac{1}{15}$

d) $7 + \frac{4}{18} - \frac{15}{18} = 6 + \frac{18}{18} + \frac{4}{18} - \frac{5}{18} = 6\frac{7}{18}$

e) $2 + \frac{21}{35} - \frac{30}{35} = 1 + \frac{35}{35} + \frac{21}{35} - \frac{30}{35} = 1\frac{26}{35}$

f) 9

Übung 73

Tipp:
Wandle die gemischten Zahlen in unechte Brüche um und multipliziere dann. Forme danach wieder in eine gemischte Zahl um.

a) $\frac{9}{4} \cdot \frac{8}{5} = \frac{18}{5} = 3\frac{3}{5}$

b) $\frac{43}{10} \cdot \frac{20}{9} = \frac{86}{9} = 9\frac{5}{9}$

c) $\frac{10}{3} \cdot \frac{52}{9} = \frac{520}{27} = 19\frac{7}{27}$

d) $\frac{5}{2} \cdot \frac{13}{4} = \frac{65}{8} = 8\frac{1}{8}$

e) $\frac{17}{5} \cdot \frac{14}{3} = \frac{238}{15} = 15\frac{13}{15}$

Übung 74

Tipp:
Auch hier musst du die gemischten Zahlen erst in Brüche umwandeln und dann dividieren. Ist das Ergebnis ein unechter Bruch, wandle ihn wieder in eine gemischte Zahl um.

a) $\frac{6}{5} : \frac{7}{3} = \frac{18}{35}$

b) $\frac{12}{5} : \frac{5}{4} = \frac{48}{25} = 1\frac{23}{25}$

c) $\frac{26}{7} : \frac{39}{14} = \frac{4}{3} = 1\frac{1}{3}$

d) $\frac{24}{5} : \frac{30}{7} = \frac{28}{25} = 1\frac{3}{25}$

e) $\frac{91}{9} : \frac{65}{7} = \frac{49}{45} = 1\frac{4}{45}$

Übung 75

a) Die Kinder sind $1\frac{1}{2}$, $2\frac{3}{4}$, $4\frac{1}{3}$ und $6\frac{1}{4}$ Jahre alt.

b) Die Kinder sind $2\frac{1}{2}$ Jahre später 4, $5\frac{1}{4}$, $6\frac{5}{6}$, $8\frac{3}{4}$ Jahre bzw. 48, 63, 82, 105 Monate alt.

Übung 76

a) 0,1; 0,02; 0,081; 2,56; 2,7; 0,33; 0,369
b) 0,5; 0,6; 0,75; 0,28; 0,125; 0,05; 2,5
c) $0,\overline{6}$; $0,1\overline{6}$; $0,\overline{5}$

Übung 77

a) $\frac{1}{4}$; $\frac{1}{2}$; $\frac{3}{4}$; $\frac{1}{10}$; $\frac{7}{10}$; $\frac{29}{100}$; $\frac{71}{100}$; $\frac{126}{1000}$; $\frac{3}{1000}$; $\frac{1}{5}$

b) $\frac{6}{5}$; $\frac{645}{100} = \frac{129}{20}$; $\frac{4567}{1000}$; $\frac{301}{100}$; $\frac{9}{8}$; $\frac{9}{2}$

c) $1\frac{1}{5}$; $6\frac{45}{100} = 6\frac{9}{20}$; $4\frac{567}{1000}$; $3\frac{1}{100}$; $1\frac{1}{8}$; $4\frac{1}{2}$

Übung 78

Tipp:
Du kannst direkt vergleichen, wenn du die Brüche in Dezimalzahlen umwandelst.

$\frac{5}{8} = 0{,}625$ $\frac{3}{12} = 0{,}25$ $\frac{13}{20} = 0{,}65$

$\frac{43}{50} = 0{,}86$ $\frac{29}{40} = 0{,}725$ $\frac{7}{25} = 0{,}28$

$\frac{4}{5} = 0{,}8$ $\frac{9}{30} = 0{,}3$ $\frac{18}{45} = 0{,}4$

Übung 79

Tipp:
Du kannst direkt vergleichen, wenn du die Brüche in Dezimalzahlen umwandelst.

$3\frac{1}{2} = 3{,}5$ $3\frac{3}{5} = 3{,}6$ $3\frac{5}{8} = 3{,}625$

$3\frac{6}{15} = 3{,}4$ $3\frac{35}{100} = 3{,}35$ $3\frac{17}{50} = 3{,}34$

$3\frac{11}{20} = 3{,}55$ $3\frac{12}{25} = 3{,}48$ $3\frac{36}{90} = 3{,}7$

Übung 80

a) $\frac{3}{5} < 0{,}7$

b) $\frac{3}{4} > 0{,}7$

c) $\frac{23}{50} > 0{,}25$

d) $\frac{16}{20} > 0{,}75$

e) $\frac{13}{40} = 0{,}325$

f) $\frac{17}{25} > 0{,}75$

Übung 81

a) $\frac{7}{125} + \frac{47}{500} + \frac{23}{200} + \frac{3}{10} + \frac{13}{50} = \frac{825}{1000} = \frac{33}{40}$; $1 - \frac{33}{40} = \frac{7}{40}$

$\frac{7}{40}$ der Bevölkerung war älter als 65 Jahre.

b) Die meisten Menschen gehören zu den 25- bis 45-Jährigen, da $\frac{3}{10}$ der größte Bruch ist.

c) unter 6 Jahre:

$\frac{7}{125} \cdot 82\,537\,000 = 4\,622\,072$ Menschen

6–15 Jahre:

$\frac{47}{500} \cdot 82\,537\,000 = 7\,758\,478$ Menschen

15–25 Jahre:

$\frac{23}{200} \cdot 82\,537\,000 = 9\,491\,755$ Menschen

25–45 Jahre:

$\frac{3}{10} \cdot 82\,537\,000 = 24\,761\,100$ Menschen

45–65 Jahre:

$\frac{13}{50} \cdot 82\,537\,000 = 21\,459\,620$ Menschen

über 65 Jahre:

$\frac{7}{40} \cdot 82\,537\,000 = 14\,443\,975$ Menschen

Übung 82

Fahrradweg befindet sich auf einer Länge von

$3300\,\text{m} \cdot \frac{5}{6} = 2750\,\text{m}$.

Sie muss also $3300\,\text{m} - 2750\,\text{m} = 550\,\text{m}$ auf der Straße fahren.

Anderer Lösungsweg:

$\frac{1}{6}$ der Strecke ist ohne Fahrradweg, das sind $3300\,\text{m} \cdot \frac{1}{6} = 550\,\text{m}$.

Übung 83

a) 50 kg: $\frac{3}{25} \cdot 50\,\text{kg} = 6\,\text{kg}$

60 kg: $\frac{3}{25} \cdot 60\,\text{kg} = \frac{36}{5}\,\text{kg} = 7\frac{1}{5}\,\text{kg} = 7{,}2\,\text{kg}$

Die Knochen eines 50 kg schweren Menschen wiegen 6 kg, die eines 60 kg schweren 7,2 kg.

b) Rechne $\frac{3}{25} \cdot$ dein Gewicht.

c) $5\,\text{kg} \cdot \frac{25}{3} = \frac{125}{3}\,\text{kg} = 41\frac{2}{3}\,\text{kg} = 41{,}\overline{6}\,\text{kg}$

$4\frac{1}{2}\,\text{kg} \cdot \frac{25}{3} = \frac{75}{2}\,\text{kg} = 37\frac{1}{2}\,\text{kg} = 37{,}5\,\text{kg}$

$9\,\text{kg} \cdot \frac{25}{3} = 75\,\text{kg}$

Übung 84

3 Bilder dürfen höchstens $\frac{1}{6}$ der Reihe ausmachen, die Reihe hatte somit mindestens $3 \cdot 6 = 18$ Bilder.

Übung 85

a) $750\,\text{mg} \cdot \frac{333}{1000} = \frac{999}{4}\,\text{mg} = 249\frac{3}{4}\,\text{mg} = 249{,}75\,\text{mg}$

Es wurde 249,75 mg Gold verarbeitet.

b) $4\,\text{g} \cdot \frac{585}{1000} = \frac{117}{50}\,\text{g} = 2\frac{17}{50}\,\text{g} = 2{,}34\,\text{g}$

Der Ring enthält 2,34 g reines Gold.

c) Für ein 3 g schweres 585er-Schmuckstück braucht er 1,755 g Gold, für ein 750er-Schmuckstück 2,25 g Gold. Das Schmuckstück kann höchstens einen Goldgehalt von 585 erhalten.

Übung 86

Braunhaarige haben 125 000 Haare:

$150\,000 \cdot \frac{1}{6} = 25\,000;\ \ 150\,000 - 25\,000 = 125\,000$

oder: $150\,000 \cdot \frac{5}{6} = 125\,000$

Schwarzhaarige haben 100 000 Haare:

$150\,000 \cdot \frac{1}{3} = 50\,000;\ \ 150\,000 - 50\,000 = 100\,000$

oder: $150\,000 \cdot \frac{2}{3} = 100\,000$

Rothaarige haben 90 000 Haare:

$100\,000 \cdot \frac{9}{10} = 90\,000$

Übung 87

braun: $\frac{40}{125\,000} = \frac{1}{3125}$

schwarz: $\frac{40}{100\,000} = \frac{1}{2500}$

rot: $\frac{40}{90\,000} = \frac{1}{2250}$

Ein braunhaariger Jugendlicher verliert pro Tag etwa $\frac{1}{3125}$ seiner Haare, ein schwarzhaariger $\frac{1}{2500}$ und ein rothaariger $\frac{1}{2250}$.

Übung 88

a) Der April hat 30 Tage.
   Also $\frac{12}{30} = \frac{2}{5}$; $\frac{2}{5}$ € = 40 Cent

b) Sie hat 9 € ausgegeben und hat noch 3 € übrig.

c) Es ist $\frac{8}{12} = \frac{2}{3}$ des monatlichen Geldes.

Übung 89

a) $\frac{60}{85} = \frac{12}{17}$ des Albums ist voll, $\frac{25}{85} = \frac{5}{17}$ ist noch leer.

b) $\frac{12}{7} > \frac{2}{3}$;
   Nils hat mehr Bilder als Malte.

Übung 90

a)

	Baby	Mutter	Anteil
Elefant	100 kg	5 t	$\frac{100}{5000} = \frac{1}{50}$
Giraffe	ca. 50 kg	650 kg	$\frac{50}{650} = \frac{1}{13}$
Panzernashorn	ca. 60 kg	1600 kg	$\frac{60}{1600} = \frac{3}{80}$
Zwergmeerschweinchen	30 g	250 g	$\frac{30}{250} = \frac{3}{25}$
Schneeziege	3,5 kg	120 kg	$\frac{3500}{120\,000} = \frac{7}{240}$

Das Zwergmeerschweinchen bringt im Verhältnis zum eigenen Körpergewicht die schwersten Jungen zur Welt, denn $\frac{3}{25}$ ist der größte Anteil.

b)

	Anteil
Elefant	$\frac{4900}{100} = 49$
Giraffe	$\frac{600}{50} = 12$
Panzernashorn	$\frac{1540}{60} = \frac{77}{3} = 25\frac{2}{3}$
Zwergmeerschweinchen	$\frac{220}{30} = \frac{22}{3} = 7\frac{1}{3}$
Schneeziege	$\frac{116\,500}{3500} = \frac{233}{7} = 33\frac{2}{7}$

5./6. KLASSE
7./8. KLASSE
9./10. KLASSE

Übung 91

a) Der Trog ist nicht leer, weil immer nur $\frac{1}{4}$ vom Inhalt genommen wird und damit $\frac{3}{4}$ des Inhalts jeweils übrig bleiben.

Katze	Teil, den sie vom Gesamtinhalt nimmt	Teil des Gesamtinhalts, der dann noch übrig ist
1	$\frac{1}{4}$	$\frac{3}{4}$
2	$\frac{1}{4} \cdot \frac{3}{4} = \frac{3}{16}$	$\frac{3}{4} - \frac{3}{16} = \frac{9}{16}$
3	$\frac{1}{4} \cdot \frac{9}{16} = \frac{9}{64}$	$\frac{9}{16} - \frac{9}{64} = \frac{27}{64}$
4	$\frac{1}{4} \cdot \frac{27}{64} = \frac{27}{256}$	$\frac{27}{64} - \frac{27}{256} = \frac{81}{256}$

b) Da bei jeder Katze weniger Inhalt vorhanden ist, ist das Viertel, das sie sich davon nehmen, auch von Katze zu Katze kleiner.

c) Jede muss nachher $\frac{1}{4} = \frac{64}{256}$ des Gesamtinhalts haben. Die erste Katze bekommt nichts, sie hat schon $\frac{1}{4}$. Die zweite Katze hat $\frac{3}{16} = \frac{48}{256}$, muss also noch $\frac{16}{256}$ des Gesamtinhalts bekommen, das sind $\frac{16}{81}$ vom Rest. Die dritte Katze hat $\frac{9}{64} = \frac{36}{256}$, muss also noch $\frac{28}{256}$ des Gesamtinhalts bekommen, das sind $\frac{28}{81}$ vom Rest. Die vierte Katze hat $\frac{27}{256}$, muss also noch $\frac{37}{256}$ des Gesamtinhalts bekommen, das sind $\frac{37}{81}$ vom Rest.

Übung 92

a) $1 - \frac{2}{3} - \frac{1}{8} - \frac{1}{12} = \frac{1}{8}$ sind noch im Hotel.

b) Die Aufgabe wäre nicht mehr möglich, da $\frac{1}{6} > \frac{1}{8}$, es müssten also mehr Hotelgäste einkaufen gehen als noch da sind.

c) $\frac{3}{4} \cdot \frac{2}{3} = \frac{1}{2}$ aller Hotelgäste sind vom Baden zurückgekehrt, also befinden sich nun $\frac{1}{8} + \frac{1}{2} = \frac{5}{8}$ aller Gäste im Hotel.

Übung 93

a) Rosen: $\frac{3}{4} \cdot \frac{2}{9} = \frac{1}{6}$;

Veilchen: $\frac{3}{4} \cdot \frac{5}{12} = \frac{5}{16}$;

Tulpen: $\frac{3}{4} \cdot \frac{1}{18} = \frac{1}{24}$

b) $1 - \frac{2}{9} - \frac{5}{12} - \frac{1}{18} = \frac{11}{36}$ der Beete sind noch frei.

Übung 94

Es sind $1 - \frac{1}{6} - \frac{1}{5} = \frac{19}{30}$ der Schüler anwesend;
$\frac{19}{30} < \frac{3}{4}$; es kann also nicht abgestimmt werden.

Übung 95

a) $\frac{1}{3} + \frac{1}{8}$

b) $\frac{1}{4} + \frac{1}{6}$

c) $\frac{1}{10} + \frac{1}{2}$

d) $\frac{1}{7} + \frac{1}{3}$

Übung 96

a) $\left(\frac{1}{10} - \frac{1}{25} + \frac{1}{50}\right) = \frac{1}{25}$ der Bilder sind unscharf und falsch belichtet.

b) $\frac{1}{25} = \frac{4}{100}$. Es sind 4 %.

c) $\frac{1}{25} : \frac{1}{10} = \frac{2}{5}$

Übung 97

Edgar trinkt in einer Stunde $\frac{1}{6}$ des Wasserloches leer, seine Mutter $\frac{1}{3}$.
Beide zusammen trinken also in einer Stunde $\frac{1}{6} + \frac{1}{3} = \frac{1}{2}$ Wasserloch leer.
Das gesamte Wasserloch ist somit nach 2 Stunden leer.

Übung 98

B ist richtig.

Übung 99

A_1 sei der Flächeninhalt des ersten Rechtecks, A_2 der Flächeninhalt des zweiten Rechtecks.

a) Die richtige Vermutung wäre: $A_2 = \frac{4}{9} A_1$.

b) $A_1 = 18\,\text{cm} \cdot 24\,\text{cm} = 432\,\text{cm}^2$;
$A_2 = 12\,\text{cm} \cdot 16\,\text{cm} = 192\,\text{cm}^2$

$192\,\text{cm}^2 = \frac{4}{9} \cdot 432\,\text{cm}^2$

c) $A_2 = \frac{2}{3} \cdot 18\,\text{cm} \cdot \frac{2}{3} \cdot 24\,\text{cm}$

$= \frac{2}{3} \cdot \frac{2}{3} \cdot 18\,\text{cm} \cdot 24\,\text{cm}$

$= \frac{4}{9} \cdot A_1$

Übung 100

a) 1%

b) $\frac{2}{100} = 2\%$

c) $\frac{4}{100} = 4\%$

d) $\frac{5}{100} = 5\%$

e) $\frac{10}{100} = 10\%$

f) 12,5%

g) $16\frac{2}{3}\%$

h) $\frac{20}{100} = 20\%$

i) $\frac{25}{100} = 25\%$

j) $33\frac{1}{3}\%$

k) $\frac{50}{100} = 50\%$

l) $\frac{75}{100} = 75\%$

Übung 101

a) 0,008

b) 0,06

c) 0,213

d) 0,4502

e) 0,75

f) 0,0105

g) 1,20

h) 3

Übung 102

Denke daran: $1\% = 1 \cdot \frac{1}{100} = \frac{1}{100}$

a) $\frac{5}{100} = \frac{1}{20}$

b) $\frac{30}{100} = \frac{3}{10}$

c) $\frac{60}{100} = \frac{3}{5}$

d) $\frac{75}{100} = \frac{3}{4}$

e) $\frac{100}{100} = 1$

f) $\frac{200}{100} = 2$

g) $\frac{90}{100} = \frac{9}{10}$

h) $\frac{350}{100} = \frac{35}{10} = \frac{7}{2}$

Übung 103

a) $\frac{5}{1000} = \frac{1}{200}$

b) $\frac{125}{1000} = \frac{1}{8}$

c) $\frac{3}{10\,000}$

d) $\frac{52}{1000} = \frac{13}{250}$

e) $\frac{425}{1000} = \frac{85}{200} = \frac{17}{40}$

f) $\frac{1172}{1000} = \frac{293}{200}$

g) $\frac{704}{100} = \frac{176}{25}$

h) $\frac{16}{10\,000} = \frac{1}{625}$

Übung 104

Tipp:

Beim Verwandeln von Dezimalzahlen in Prozentangaben musst du das Komma **um 2 Stellen nach rechts** verschieben. Lücken ersetzt du durch Nullen.

a) 10 % b) 5 %
c) 25 % d) 88 %
e) 8 % f) 60 %
g) 76,3 % h) 12,5 %
i) 148 % j) 102 %

Übung 105

a) 7 % b) 10 %
c) 25 % d) 4 %
e) 0,2 % f) 67 %
g) 180 % h) 430 %
i) 102 % j) 56,7 %

Übung 106

a) $3\frac{1}{3}\,\%$

b) $\frac{46}{100} = 46\,\%$

c) $\frac{45}{100} = 45\,\%$

d) 32,5 %

e) $58\frac{1}{3}\,\%$

f) 137,5 %

g) $\frac{250}{100} = 250\,\%$

h) $2{,}4 = \frac{240}{100} = 240\,\%$

Übung 107

Tipp:

Verwandle die Brüche in Dezimalzahlen und verschiebe das Komma um 2 Stellen nach rechts.

a) 20 %   b) 37,5 %
c) 70 %   d) 75 %
e) 45 %   f) 68 %
g) 78 %   h) 160 %
i) 235 %   j) 362,5 %

Übung 108

a) 5 %; $\frac{1}{20}$; 0,05

b) 6 %; $\frac{3}{50}$; 0,06

c) 32 %; $\frac{8}{25}$; 0,32

d) $16\frac{2}{3}$ %; $\frac{1}{6}$; $0{,}1\overline{6}$

Übung 109

a) 20 %; $\frac{1}{5}$; 0,2

b) 60 %; $\frac{3}{5}$; 0,6

c) 75 %; $\frac{3}{4}$; 0,75

d) $33\frac{1}{3}$ %; $\frac{1}{3}$; $0{,}\overline{3}$

Übung 110

Tipp: „von" heißt
- bei **ganzen Zahlen dividieren,**
- bei **Brüchen multiplizieren.**

a) 50 %

b) 20 %

c) $33\frac{1}{3}\%$

d) $\frac{1}{10} = 10\%$

e) $\frac{1}{8} = 12{,}5\%$

f) $\frac{1}{2} \cdot \frac{1}{2} = \frac{1}{4} = 25\%$

g) $\frac{1}{4} \cdot \frac{1}{2} = \frac{1}{8} = 12{,}5\%$

h) $\frac{3}{4} = 75\%$

i) $\frac{3}{50} = 6\%$

j) $\frac{12}{15} = \frac{4}{5} = 80\%$

k) $\frac{48}{96} = \frac{1}{2} = 50\%$

l) $\frac{14}{25} = 56\%$

m) $\frac{35}{700} = \frac{5}{100} = 5\%$

Übung 111

a) $\frac{2}{5} = 40\%$

b) $\frac{3}{4} = 75\%$

c) $\frac{7}{25} = 28\%$

d) $\frac{12}{40} = 30\%$

e) $\frac{35}{50} = 70\%$

f) $\frac{7}{8} = 87{,}5\%$

Also gilt: $\frac{7}{25} < \frac{12}{40} < \frac{2}{5} < \frac{35}{50} < \frac{3}{4} < \frac{7}{8}$

5./6. KLASSE
7./8. KLASSE
9./10. KLASSE

Übung 112

a) 45 von 90 = $\frac{1}{2}$ = 50 %

b) 70 von 210 = $\frac{1}{3}$ = $33\frac{1}{3}$ %

c) 120 von 60 = 2 = 200 %

d) 120 von 480 = $\frac{1}{4}$ = 25 %

e) 5 von 50 = $\frac{1}{10}$ = 10 %

f) 400 von 1600 = $\frac{1}{4}$ = 25 %

Übung 113

Tipp:
$W = G \cdot p\% = G \cdot \frac{p}{100}$
Am geschicktesten verwandelst du dafür die Prozentsätze in Brüche.
Rechne so: 20 % = $\frac{1}{5}$,
$450 \cdot \frac{1}{5} = 450 : 5$

G	450	87	2700	200
p%	20 %	10 %	$33\frac{1}{3}$ %	60 %
W	90	8,7	900	120

5./6. KLASSE
7./8. KLASSE
9./10. KLASSE

Übung 114

a) 5,7

b) $\frac{120}{5} = 24$

c) $\frac{0{,}72}{8} = 0{,}09$

d) $\frac{210}{3} = 70$

e) $\frac{0{,}4}{4} = 0{,}1$

f) $\frac{400 \cdot 3}{20} = 60$

g) $6 \cdot \frac{3}{2} = 9$

h) $\frac{7}{4} \cdot 8 = 14$

Übung 115

Tipp:

Hier musst du besonders auf die Einheiten achten: 1 h = 60 min = 3600 s
1 l = 1000 ml
1 € = 100 ct
1 kg = 1000 g

Es ist $1‰ = \frac{1}{1000}$ und $p‰ = \frac{p}{1000}$.

Rechne bei Promille mit der Formel $W = G \cdot \frac{p}{1000}$.

a) 3348 s = 55 min 48 s
b) 0,009 l = 9 ml
c) 116,27 €
d) 19,44 €
e) 0,0056 l = 5,6 ml
f) 8,0625 kg ≈ 8 kg
g) 374 l
h) 0,6 kg = 600 g
i) 54 s

Übung 116

Tipp: Verwandelst du Prozentsätze, z. B. 10 % in Brüche, rechnest du 10 : G = W · Kehrbruch.

a) $p = \frac{1}{10}$; $G = 17{,}4 \cdot 10 = 174$

b) $p = \frac{1}{5}$; $G = 1500 \cdot 5 = 7500$

c) $p = \frac{1}{13}$; $G = 15 \cdot 3 = 45$

d) $p = \frac{1}{8}$; $G = 350 \cdot 8 = 2800$

e) $p = \frac{3}{4}$; $G = 63 \cdot \frac{4}{3} = 21 \cdot 4 = 84$

f) $p = \frac{125}{100} = \frac{5}{4}$; $G = 25 \cdot \frac{4}{5} = 5 \cdot 4 = 20$

g) $p = \frac{1}{2}$; $G = 72 \cdot 2 = 144$

h) $p = \frac{1}{100}$; $G = 2{,}4 \cdot 100 = 240$

Übung 117

a) $G = \frac{95{,}09}{37} \cdot 100 = \frac{9509}{37} = 257$

b) $G = \frac{43{,}5}{17{,}4} \cdot 100 = \frac{435}{174} \cdot 100 = \frac{43\,500}{174} = 250$

c) $G = \frac{589{,}4}{42{,}1} \cdot 100 = \frac{5894}{421} \cdot 100 = 1400$

d) $G = \frac{108{,}6}{54{,}3} \cdot 100 = \frac{1086}{543} \cdot 100 = 200$

e) $G = \frac{2247{,}5}{72{,}5} \cdot 100 = \frac{22\,475}{725} \cdot 100 = 3100$

f) $G = \frac{105{,}7}{21{,}14} \cdot 100 = \frac{10\,570}{2114} \cdot 100 = 500$

g) $G = \frac{242{,}2}{34{,}6} \cdot 100 = \frac{2422}{346} \cdot 100 = 700$

h) $G = \frac{0{,}06}{0{,}3} \cdot 100 = \frac{6}{30} \cdot 100 = 20$

Übung 118

a)

0,48	0,2	0,51	0,93	0,375	0,081	0,55
$\frac{48}{100}$	$\frac{20}{100} = \frac{1}{5}$	$\frac{51}{100}$	$\frac{93}{100}$	$\frac{3}{8}$	$\frac{81}{1000}$	$\frac{55}{100}$
48 %	20 %	51 %	93 %	37,5 %	8,1 %	55 %

b)

0,005	0,003	0,002	1,1	1,25	1,55	2,67
$\frac{5}{1000} = \frac{1}{200}$	$\frac{3}{1000}$	$\frac{2}{1000}$	$\frac{110}{100} = \frac{11}{10}$	$\frac{5}{4}$	$\frac{155}{100}$	$\frac{267}{100}$
0,5 % = 5 ‰	0,3 % = 3 ‰	0,2 % = 2 ‰	110 %	125 %	155 %	267 %

Übung 119

Die folgenden Lösungen sind nur Beispiele:

1)

G	50	100	25	250
W	6	12	3	30
p %	12 %	12 %	12 %	12 %

2)

G	45	5	15	90
W	9	1	3	18
p %	20 %	20 %	20 %	20 %

3)

G	80	10	100	160
W	32	4	40	64
p %	40 %	40 %	40 %	40 %

Übung 120

a) 900 ‰ b) 1000 ‰
c) 80 ‰ d) 0,25 ‰
e) 2 ‰ f) 211 ‰
g) 999 ‰ h) 0,8 ‰
i) 2 ‰

Übung 121

a) 2,56 € b) 40 kg
c) 4 kg d) 253
e) 705 € f) 9 €
g) 67,5 g h) 63 m

Übung 122

a) 468 €; 390 €; 223,60 €; 36,40 €
b) 95,2 kg; 75,040 kg; 35,840 kg; 15,680 kg
c) 274,62 ha; 270,48 ha; 218,04 ha; 69 ha
d) 1640,51 m; 1600 m; 955,06 m; 338,05 m

Übung 123

a) 17,60 €; 20 €; 25,12 €; 30,88 €
b) 194,350 kg; 224,770 kg; 283,920 kg; 314,340 kg
c) 95,475 ha; 96,9 ha; 114,95 ha; 166,25 ha
d) ≈ 7945,38 m; ≈ 8141,58 m; ≈ 11 263,17 m; ≈ 14 249,74 m

Übung 124

G, W und p % sind frei wählbare Beispiele; schau nach, ob das Ergebnis bei dir auch stimmt.

a) G = 100; W = 50; also ist p = 50 %
G = 200; W = 50; also ist p = 25 %
Der Prozentsatz wird somit halbiert.

b) G = 100; W = 10; also ist p = 10 %
G = 100; W = 20; also ist p = 20 %
Der Prozentsatz wird somit verdoppelt.

c) W = 50; p = 50 %; also ist G = 100
W = 50; p = 25 %; also ist G = 200
Der Grundwert muss somit verdoppelt werden.

d) G = 100; p = 50 %; also ist W = 50
G = 25; p = 50 %; also ist W = 12,5
Der Prozentwert wird auch geviertelt.

5./6. KLASSE
7./8. KLASSE
9./10. KLASSE

Übung 125

Tipp: Wandle die Prozentangaben in Brüche um.
Rechne bei a) so: $\frac{1}{5} \cdot \frac{65}{100} = \frac{13}{100} = 13\,\%$.
Da hier „von" immer Multiplizieren bedeutet, darfst du die Faktoren auch vertauschen (Kommutativgesetz).

a) 13 % b) 1 %
c) 96 d) 12
e) 27 f) 7,35

Übung 126

a) 100 % b) $\frac{3}{4} = 75\,\%$

c) $\frac{9}{16} = 56{,}25\,\%$ d) $\frac{27}{64} \approx 42{,}19\,\%$

e) $\frac{81}{256} \approx 31{,}64\,\%$ f) $\frac{243}{1024} \approx 23{,}73\,\%$

Übung 127

a) 100 %

b) $\frac{8}{9} \approx 88{,}89\,\%$

c) $\frac{64}{81} \approx 79{,}01\,\%$

d) $\frac{512}{729} \approx 70{,}23\,\%$

Übung 128

Tipp: Zähle die gefärbten Felder, sie sind der Prozentwert W;
zähle alle Felder, sie sind der Grundwert G.
Arbeite dann weiter mit der Formel $p\,\% = \frac{W}{G} \cdot 100$.

a) 20 %
b) 62,5 %
c) **Tipp:** Miss die Länge des gefärbten Teils und des gesamten Balkens.
Rechne dann weiter wie in a) oder b).
15 %

Übung 129

a) 40 %
b) 25 %
c) 43,75 %
d) 50 %

Übung 130

a) 30 %
b) 80 %
c) 50 %
d) 10 %

Übung 131

Tipp:
Wandle die Prozentsätze in Brüche um; unterteile die Flächen in so viele gleich große Teile wie im Nenner steht.

Für beide Zeichnungen gilt: Es bleiben
100 % − 25 % − 20 % − 12,5 % − 10 % = 32,5 % übrig.

a)
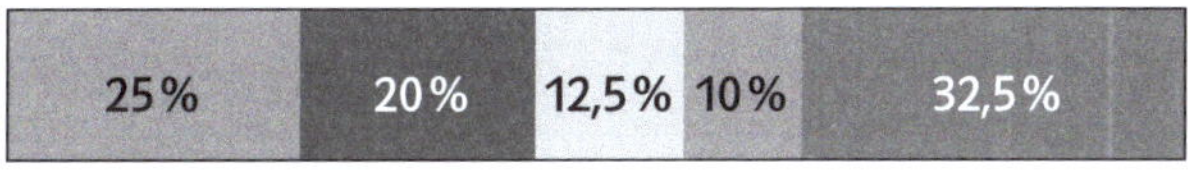

b)
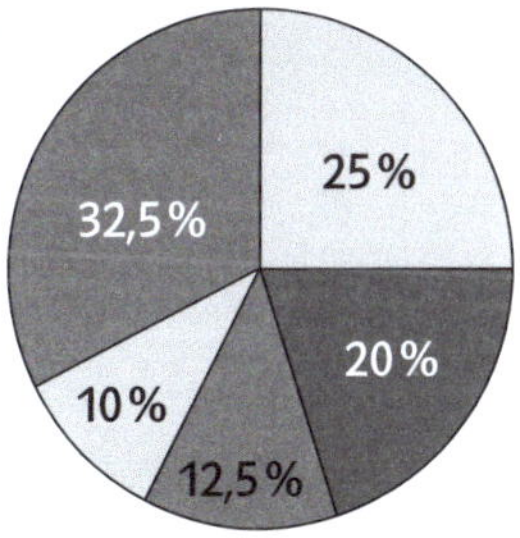

Übung 132

a) $\overline{AB}$ = 20 % von $\overline{AC}$; $\overline{BC}$ = 400 % von $\overline{AB}$

b) $\overline{DE}$ = 62,5 % von $\overline{DF}$; $\overline{EF}$ = 37,5 % von $\overline{DF}$

c) $\overline{GH}$ = $33\frac{1}{3}$ % von $\overline{GI}$; $\overline{GI}$ = 150 % von $\overline{HI}$

Übung 133

a) $\overline{AB} = 3{,}6\,\text{cm}$

b) $\overline{DE} = 9{,}6\,\text{cm}$

c) $\overline{GH} = 2{,}5\,\text{cm}$

Übung 134

Tipp:

Bei einem Kreisdiagramm gilt:

$G = 360°$; $W = \alpha$ und $\alpha = \frac{p}{100} \cdot 360°$.

Prozentangabe	1 %	2 %	3 %	5 %	10 %
Winkelmaß α	3,6°	7,2°	10,8°	18°	36°

Prozentangabe	12,5 %	15 %	20 %	25 %	$33\frac{1}{3}$ %
Winkelmaß α	45°	54°	72°	90°	120°

Übung 135

Tipp:

Miss α und rechne mit $p\,\% = \frac{\alpha}{360°} \cdot 100$.

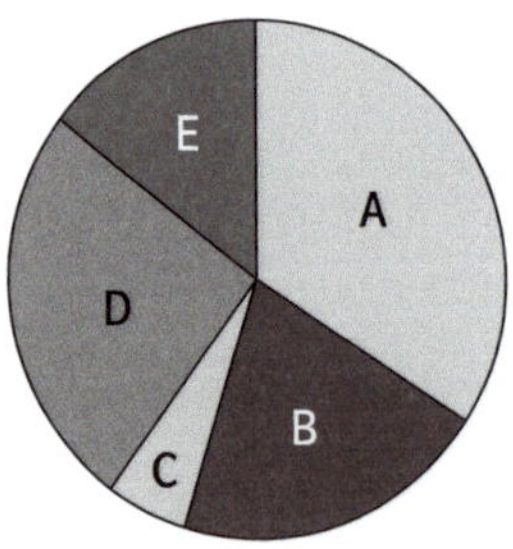

A:	34,44 %
B:	14,44 %
C:	25,56 %
D:	5,28 %
E:	20,28 %
	100,00 %

Übung 136

Tipp: $p\,\% = \frac{\alpha}{360°} \cdot 100$

Hier sind die genauen Anteile aufgelistet.
Es genügt, wenn du ungefähr die gleichen Werte herausbekommen hast.

Kohlenstoff:	86 %
Wasserstoff:	9 %
Sauerstoff:	3 %
Schwefel:	1 %
Stickstoff:	1 %

Übung 137

Tipp:
$10^6 = 1\,000\,000$; $10^n = 1$ mit n Nullen

a)

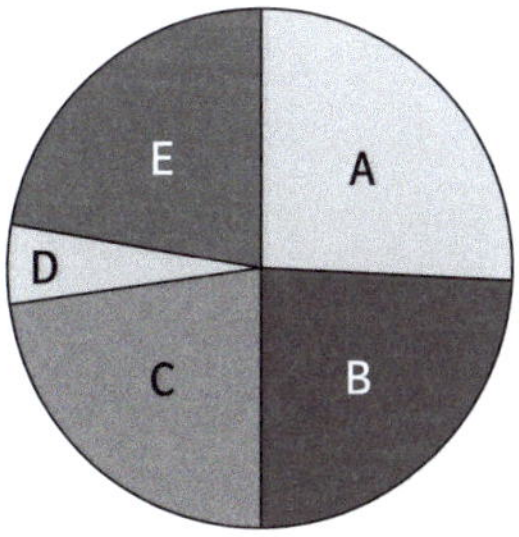

A Heizöl
B Diesel
C Ottokraftstoff
D schweres Heizöl
E Sonstiges

b)

Heizöl:	$3198 \cdot 10^4\,t = 31\,980\,000\,t$
Diesel:	$2952 \cdot 10^4\,t = 29\,520\,000\,t$
Ottokraftstoff:	$2829 \cdot 10^4\,t = 28\,290\,000\,t$
Schweres Heizöl:	$615 \cdot 10^4\,t = 6\,150\,000\,t$
Sonstiges:	$2706 \cdot 10^4\,t = 27\,060\,000\,t$

Übung 138

a) **Tipp:**
Hier ist p % gesucht. Rechne mit $p\,\% = \frac{W}{G} \cdot 100$.

Ozeanien:	0,5 %
Lateinamerika/Karibik:	8,6 %
Afrika:	13,6 %
Nordamerika:	5,1 %
Europa:	11,5 %
Asien:	60,7 %

b) Hier musst du den Kreiswinkel α berechnen.

Mit $W = \alpha$ und $G = 360°$ gilt: $\alpha = \frac{p}{100} \cdot 360°$.

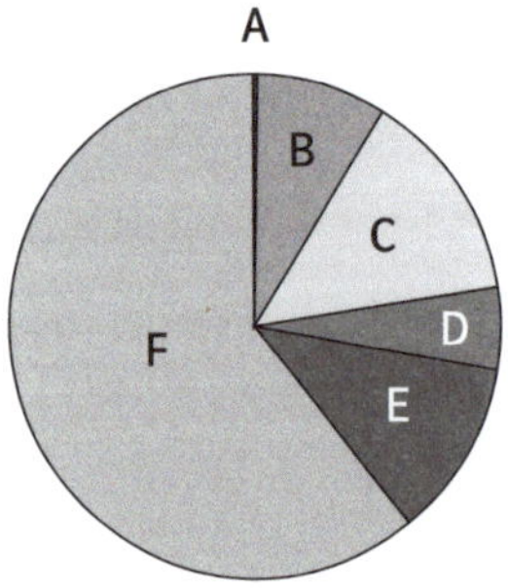

A Ozeanien
B Lateinamerika/Karibik
C Afrika
D Nordamerika
E Europa
F Asien

Übung 139

Die folgende Lösung ist nur ein Beispiel.

Schule:
9 Stunden; $p\,\% = \frac{9}{24} \cdot 100\,\% = \frac{75}{2} = 37{,}5\,\%$; $\alpha = 135°$

Schlafen:
8 Stunden; $p\,\% = \frac{8}{24} \cdot 100\,\% = \frac{100}{3} \approx 33{,}\overline{3}\,\%$; $\alpha = 119{,}8°$

Essen:
1 Stunde; $p\,\% = \frac{1}{24} \cdot 100\,\% = \frac{25}{6} \approx 4{,}2\,\%$; $\alpha = 15{,}1°$

Freizeit:
6 Stunden; $p\,\% = \frac{6}{24} \cdot 100\,\% = 25\,\%$; $\alpha = 90°$

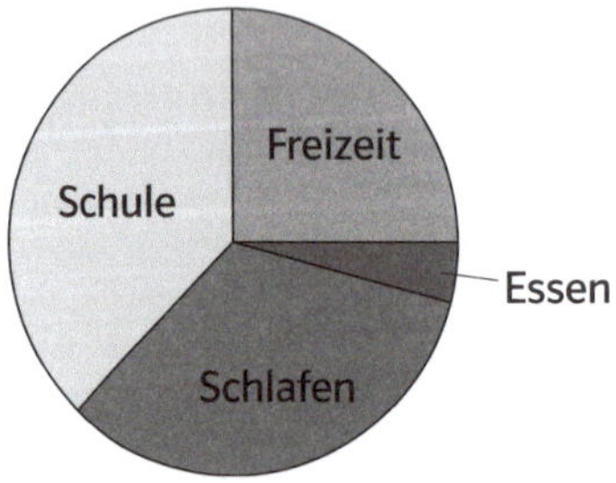

Übung 140

Edelgase:	1 %
Kohlendioxid:	0,3 %
Sauerstoff:	21 %
Stickstoff:	78 %

Übung 141

a)

Tier	Baby	Mama	Anteil in %
Elefant	100 kg	5 t	2 %
Giraffe	ca. 50 kg	650 kg	7,7 %
Panzernashorn	ca. 60 kg	1600 kg	3,8 %
Zwergmeerschweinchen	30 g	250 g	12 %
Schneeziege	3,5 kg	120 kg	2,9 %

b)

Elefant:	5000 %
Giraffe:	1300 %
Panzernashorn:	≈ 2667 %
Zwergmeerschweinchen:	≈ 833 %
Schneeziege:	≈ 3429 %

Übung 142

Tipp:
Hier ist jeweils der Prozentsatz gesucht. $p\,\% = \frac{W}{G} \cdot 100$

blond:	≈ 0,07 %
braun:	≈ 0,09 %
schwarz:	0,1 %
rot:	≈ 0,11 %

Übung 143

a) **Tipp:** Hier ist p % gesucht. Rechne mit $p\% = \frac{W}{G} \cdot 100$.

Stadt	Anzahl	Anteil in %
Stuttgart	67 019	≈ 2,6
München	221 427	≈ 8,5
Berlin	322 623	≈ 12,4
Hamburg	226 713	≈ 8,7

b) **Tipp:** Hier ist wiederum p % gesucht. Beachte: G = 125 145; W = 7 050 853
Um sage und schreibe ≈ 5634 %

Übung 144

a) 15 kg · 75 % = 11,250 kg ≈ 11,25 l
b) 68 kg · 46 % = 31,280 kg ≈ 31,28 l
c) 36 kg · 60 % = 21,600 kg ≈ 21,6 l
d) Frau: ≈ 2 l; Kind ≈ 1,5 l

Übung 145

Blut: 75 kg · 8 % = 6 kg
Muskeln: 75 kg · 40 % = 30 kg
Knochen: 75 kg · 12 % = 9 kg

Übung 146

a) A: 163,4 Mio.
B: 49,4 Mio.
0: 148,2 Mio.
AB: 19 Mio.

b) A: 1 773 750
B: 536 250
0: 1 608 750
AB: 206 250

Übung 147

Hier ist W gesucht: $W = G \cdot \frac{p}{100}$.

A: 104; B: 32; C: 4; D: 60

Übung 148

a) Hier ist p % gesucht:

$p\,\% = \frac{W}{G} \cdot 100\,\% = \frac{1{,}8\,kg}{150\,kg} \cdot 100\,\% = 1{,}2\,\%$

b) Hier ist W gesucht:

$W = G \cdot \frac{p}{100} = 1{,}7\,kg \cdot \frac{25}{100} = 0{,}425\,kg = 425\,g$

Übung 149

a) $75\,kg \cdot 8\,\% = 6\,kg = 6\,l$

Ein Erwachsener mit einem Körpergewicht von 75 kg hat ca. 6 Liter Blut.

b) $\frac{0{,}5}{6} \cdot 100 = \frac{50}{6}\,\% = 8\frac{1}{3}\,\%$

Ein halber Liter Blut entspricht $8\frac{1}{3}\,\%$ am Gesamtblut.

c) $6 \cdot 0{,}3\,‰ = 6\,l \cdot 0{,}0003 = 1{,}8\,ml$

Dies entspricht einer Menge an Blutalkohol von 1,8 ml.

Übung 150

a) Hier ist Prozentwert $W = G \cdot \frac{p}{100}$ bzw. $W = G \cdot p\,\%$ gesucht.

$1{,}3\,kg \cdot 85\,\% = 1{,}105\,kg$

b) Hier ist der Prozentsatz $p\,\% = \frac{W}{G} \cdot 100\,\%$ gesucht.

$\approx 1{,}7\,\%$

c) Hier ist der Prozentsatz $p\,\% = \frac{W}{G} \cdot 100\,\%$ gesucht.

$p\,\% = \frac{1{,}105\,kg}{75\,kg} \cdot 100\,\% \approx 1{,}47\,\%$

Übung 151

Partei	A	B	C	D	E
Stimmen	50 909	14 913	36 126	23 912	2700
Anteil in %	39,6 %	11,6 %	28,1 %	18,6 %	2,1 %
Abgeordnete	16	5	11	7	1

Übung 152

Tipp:

Es gibt einen neuen Grundwert G. Zähle dafür die Stimmen der Parteien A, B, C und D zusammen.

Es zählen 125 860 Stimmen.

Partei	A	B	C	D
Stimmen	50 909	14 913	36 126	23 912
Anteil in %	40,4 %	11,8 %	28,7%	19 %
Abgeordnete	16	5	11	8

Übung 153

a) Der Stimmenanteil lag bei 37%.

b) Rechne $p\,\% = 100 - \frac{31}{34} \cdot 100 \approx 8{,}1\%$. Die Partei hat 8,1% der Stimmen verloren.

Übung 154

a) $G = 44 \cdot \frac{100}{30{,}45} \cdot \frac{100}{28} \approx 516{,}1$ Mio. km^2

b) $W = 516{,}1 \cdot \frac{72}{100} \approx 371{,}6$ Mio. km2

c) $G = \frac{44 \text{ Mio.}}{30{,}45} \cdot 100 \approx 144{,}5$ Mio. km^2

d) $W = 371{,}6 \cdot \frac{47}{100} \approx 174{,}7$ Mio. km^2

e) $p\,\% = \frac{0{,}35}{516{,}1} \cdot 100\,\% \approx 0{,}07\,\%$

Übung 155

a) $W = 82 \cdot \frac{80}{100} = 65{,}6$ Millionen Menschen leben in Städten.

b) $p\,\% = \frac{3{,}4}{82} \cdot 100\,\% \approx 4{,}15\,\%$ der Bundesbürger leben in Berlin.

c) Hamburg: $W = 82 \cdot \frac{2{,}1}{100} = 1{,}722$ Millionen Einwohner

d) Köln: $W = 82\,000\,000 \cdot \frac{1{,}175}{100} = 963\,500$ Einwohner

Übung 156

a) Gesucht ist G. $G = \frac{W}{p} \cdot 100 = \frac{96\,367}{58} \cdot 100 = 166\,150$ Anrufer haben sich beteiligt.

b) $166\,150 - 96\,367 = 69\,783$ Anrufer haben für Hit 3 gestimmt.

c)

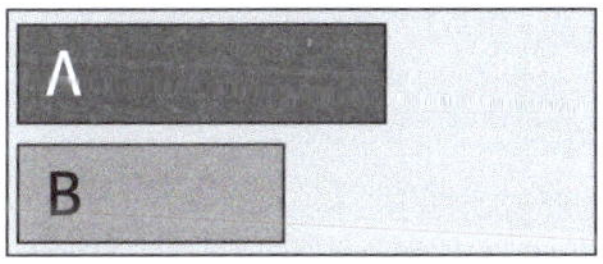

d) $\frac{1000}{166\,150} \approx 0{,}6\,\% = 6\,‰$ sind Gewinner.

Übung 157

Tipp: Für braun- und schwarzhaarige Menschen rechne $150\,000 - 150\,000 \cdot p\,\%$

Für rothaarige Menschen: $\left(150\,000 - \frac{150\,000}{100} \cdot 33\tfrac{1}{3}\right) \cdot \frac{90}{100}$

braun: 110 000
schwarz: 100 000
rot: 90 000

Übung 158

a) Die Elenantilope ist zwischen 2,55 m und 3,45 m lang.
b) Das Kleinstböckchen ist zwischen 20 cm und 30 cm hoch.
c) Es gibt in Australien etwa zwischen 105 Mio. und 175 Mio. Schafe.
d) Die Wolle wiegt zwischen 24,3 kg und 29,7 kg.

Übung 159

a)

K	1500 €	1500 €	1100 €	500 €	4000 €	240 €	24 €
Z	30 €	41,25 €	44 €	8,75 €	240 €	2,40 €	0,36 €
p %	2 %	$2\frac{3}{4}$ %	4 %	1,75 %	6 %	1 %	1,5 %

b)

K	250 €	15 120 €	63 €	873,40 €	675 €	500 €	290 €
Z	30 €	378 €	4,41 €	43,67 €	54 €	15 €	13,05 €
p %	12 %	2,5 %	7 %	5 %	8 %	3 %	4,5 %

5./6. KLASSE
7./8. KLASSE
9./10. KLASSE

Übung 160

a) Z ist gesucht. Du rechnest mit $Z = K \cdot \frac{p}{100}$.

2,10 €; 2,80 €; 4,20 €; 7,70 €; 8,40 €

b) 187,50 €; 200 €; 275 €; 287,50 €; 300 €

Übung 161

Kapital	Zinssatz 2,75 %	3 %	4,25 %	5,5 %
100 €	2,75 €	3 €	4,25 €	5,5 €
1500 €	41,25 €	45 €	63,75 €	82,50 €
13 560 €	372,90 €	406,80 €	576,30 €	745,80 €
24 000 €	660 €	720 €	1020 €	1320 €
8 €	0,22 €	0,24 €	0,34 €	0,44 €
72,52 €	1,99 €	2,17 €	3,08 €	3,98 €

Übung 162

Tipp:
Bei a) und b) ist der Zinssatz p % gesucht; rechne also mit $p\,\% = \frac{Z}{K} \cdot 100$.

a) 1 %; 2,5 %; 0,2 %

b) 2 %; 5 %; 16 %

c) **Tipp:** Berechne die Zinsen für ein Jahr und multipliziere sie mit 3.

$Z = 1000\,€$; $p\,\% = 20\,\%$; $Z = K \cdot \frac{p}{100} = 1000\,€ \cdot \frac{2\,\%}{100} = 20\,€$

Nach 3 Jahren erhält Frau Schlaumeier $3 \cdot 20\,€ = 60\,€$ Zinsen.

d) **Tipp:**
Hier musst du schrittweise das neue Kapital nach jeweils einem Jahr berechnen.
Rechne so: K_{neu}
$= K_{alt} \cdot (100\,\% + 2\,\%)$
$= K_{alt} \cdot 1{,}02.$

1. Jahr: $Z = 20\,€$
2. Jahr: $Z = 1020\,€ \cdot 2\,\% = 20{,}40\,€$
3. Jahr: $Z = 1040{,}40\,€ \cdot 2\,\% = 20{,}80\,€$

Nach 3 Jahren erhält sie also $20\,€ + 20{,}40\,€ + 20{,}80\,€ = 61{,}20\,€$ Zinsen.

Übung 163

Thuy: 459 €
Marina: 459,91 €
Alena: 507,50 €

Übung 164

Tipp:
Hier sind der erhöhte Grundwert und der Zinssatz p % gegeben.
Gesucht ist der Grundwert G. Der erhöhte Grundwert ist $G \cdot 102\,\% = G \cdot 1{,}02$.

Damit gilt für G: $G = \frac{G_{erhöht}}{1{,}02}$

Sandra: 1,25 %
Elisa: 425,22 €
Miriam: 410 €

Übung 165

Anne zahlt im Jahr $12 \cdot 30\,€ = 360\,€$ ein.
Angenommen, sie gibt nicht davon aus, sieht ihr Kontostand am Ende des Jahres folgendermaßen aus:

Bank A: $Z = 360\,€ \cdot 1\,\% = 3{,}60\,€$
Bank B: $Z = 360\,€ \cdot 0{,}75\,\% \cdot 2 = 5{,}40\,€$
Bank C: $Z = 360\,€ \cdot 1{,}5\,\% = 5{,}40\,€$

Da Bank C jedoch zusätzlich Kosten für jede Kontobewegung verlangt, ist Bank B für Anne die günstigste.

Übung 166

Quang: $Z = 412{,}70 \cdot \frac{1{,}5}{100} \cdot \frac{96}{360} \approx 1{,}65\,€$

$K_{neu} = 412{,}70\,€ + 1{,}65\,€ = 414{,}35\,€$

Leon: $Z = 420{,}50 \cdot \frac{1{,}25}{100} \cdot \frac{81}{360} \approx 1{,}18\,€$

$K_{neu} = 420{,}50\,€ + 1{,}18\,€ = 421{,}68\,€$

Oskar: $Z = 445{,}25 \cdot \frac{0{,}75}{100} \cdot \frac{69}{360} \approx 0{,}64\,€$

$K_{neu} = 445{,}25\,€ + 0{,}64\,€ = 445{,}89\,€$

5./6. KLASSE

7./8. KLASSE

9./10. KLASSE

Übung 167

a) 10 Tage im April + 31 Tage im Mai + 25 Tage im Juni = 66 Tage lag das Geld auf ihrem Sparkonto.

b) Rechne mit $Z = K \cdot p\,\% \cdot \frac{t}{360} = 550\,€ \cdot 1{,}5\,\% \cdot \frac{66}{360} = 1{,}51\,€$.

Es werden ihr also von der Bank 1,51 € gutgeschrieben.

Übung 168

Hier sind Mehrkosten für das 1. Jahr berechnet:

Bank 1:

$$Z = K \cdot \frac{4{,}75}{100} + K \cdot \frac{1}{100} = 150\,000\,€ \cdot \frac{4{,}75}{100} + 150\,000\,€ \cdot \frac{1}{100} = 8625\,€$$

Bank 2:

$$Z = K \cdot \frac{5}{100} = 150\,000\,€ \cdot \frac{5}{100} = 7500\,€$$

Bank 3:

$$Z = K \cdot \frac{4{,}5}{100} + K \cdot \frac{1{,}5}{100} = 150\,000\,€ \cdot \frac{4{,}5}{100} + 150\,000\,€ \cdot \frac{1{,}5}{100} = 9000\,€$$

Im 1. Jahr ist Bank 2 die günstigste. Auf Dauer wird jedoch Bank 3 die günstigste sein, da die einmalige Beabeitungsgebühr wegfällt und sie die niedrigsten Zinsen verlangt.

Übung 169

Tipp:

Eine **Erhöhung** von K um p % bedeutet Multiplikation von K mit (100 % + p %) oder mit $\left(1 + \frac{p}{100}\right)$.

Nach

1. Jahr: $3000\,€ \cdot 103{,}25\,\% = 3097{,}50\,€$

2. Jahr: $3097\,€ \cdot 103{,}25\,\% = 3000\,€ \cdot 103{,}25\,\% \cdot 103{,}25\,\% = 3198{,}16\,€$

3. Jahr: $3198{,}16\,€ \cdot 103{,}25\,\% = 3000\,€ \cdot 103{,}25\,\% \cdot 103{,}25\,\% \cdot 103{,}25\,\% = 3302{,}10\,€$

4. Jahr: $3302{,}10\,€ \cdot 103{,}25\,\% = 3000\,€ \cdot 103{,}25\,\% \cdot 103{,}25\,\% \cdot 103{,}25\,\% \cdot 103{,}25\,\%$
$= 3409{,}41\,€$

Übung 170

a) Rechne so: 6 Monate = $\frac{1}{2}$ Jahr

$Z = 100\,€ \cdot 4\,\% \cdot \frac{1}{2} = 2\,€$

b) $Z = 1000\,€ \cdot 2\,\% \cdot \frac{1}{4} = 15\,€$

c) $Z = 500\,€ \cdot 3\,\% \cdot \frac{1}{3} = 5\,€$

d) $Z = 1000\,€ \cdot 2{,}5\,\% \cdot \frac{3}{4} = 18{,}75\,€$

Übung 171

Der Wert des Bruches

a) wird verdoppelt.
b) wird halbiert.
c) wird halbiert.
d) wird verdoppelt.
e) ändert sich nicht (wie Erweitern).
f) ändert sich nicht (wie Kürzen).
g) wird vervierfacht.
h) wird geviertelt.

Übung 172

Überlege an einem selbst gewählten Beispiel, z. B. $K = 100\,€$ und $p\,\% = 2\,\%$ und somit $Z = 2\,€$.

a) $p_{neu} = 4\,\%$; also $Z_{neu} = 4\,€$

Die Zinsen sind also doppelt so hoch.

b) $K_{neu} = 200\,€$; $p_{neu} = 1\,\%$; also $Z_{neu} = 2\,€$

Die Zinsen sind also gleich groß.

c) $K_{neu} = 50\,€$; $p_{neu} = 1\,\%$; also $Z_{neu} = 0{,}50\,€$

Die Zinsen sind also ein Viertel so hoch.

d) $K_{neu} = 300\,€$; $p_{neu} = 0{,}5\,\%$; also $Z_{neu} = 1{,}50\,€$

Die Zinsen sind noch $\frac{3}{4}$ so hoch.

e) $K_{neu} = 50\,€$; $p_{neu} = 6\,\%$; also $Z_{neu} = 3\,€$

Die Zinsen sind also 1,5-mal so hoch.

f) $K_{neu} = 25\,€$; $p_{neu} = 6\,\%$; also $Z_{neu} = 1{,}50\,€$

Die Zinsen sind also $\frac{3}{4}$-mal so hoch.

Übung 173

Niedrigste Stufe Lesekompetenz:
500 Schüler · 10 % = 50 Schüler

Lesen ohne Vergnügen:
500 Schüler · 42 % = 210 Schüler

Mathe Kompetenzstufen I und III:
500 Schüler · 24 % = 120 Schüler

Übung 174

15 mm · 1,3 = 19,5 mm geht nicht,
also **20 mm** · 1,3 = **26 mm** · 1,3 = 33,8 mm geht nicht,
also **34 mm** · 1,3 = 44,2 mm geht nicht, also **45 mm**.

Übung 175

a) Messingstück: $G = \frac{225}{30} \cdot 100 = 750\,g$

b) Kupfer: $750\,g - 225\,g = 525\,g$

Übung 176

a) Promille: 333 ‰; 585 ‰; 750 ‰

Prozent: 33,3 %; 58,5 %; 75 %

b) $W = 16\,g \cdot \frac{333}{1000} = 5{,}328\,g$ wurden in der Kette verarbeitet.

c) $W = 3{,}5\,g \cdot \frac{585}{1000} = 2{,}0475\,g$ Gold enthält der Ring.

d) $p\,\% = \frac{8}{12} \cdot 100 = 66\frac{2}{3}\,\%$

Das Schmuckstück kann also einen Goldgehalt von maximal 585 erhalten.

Übung 177

a) 1000 g Milch enthalten 35 g Fett; gesucht ist also G:

$G = \frac{p}{1{,}5} \cdot 100 = 2\frac{1}{3}\,g = 2\frac{1}{3}\,l.$

Man muss die Milch also mit $2\frac{1}{3}\,l - 1\,l = 1\frac{1}{3}\,l$ verdünnen.

b) 200 g Kaffeesahne enthalten 20 g Fett.

4%ige Kaffeemilch mit 20 g Fett wiegt $\frac{20}{4} \cdot 100 = 500\,g$.

Die Kaffeesahne muss also mit $500\,g - 200\,g = 300\,g$ Wasser verdünnt werden.

Übung 178

1 kg Kuhmilch enthält 39 g Fett, 1 kg fettarme Milch 15 g.
24 g Fett bleiben für Butter übrig.
Man benötigt also $250\,g : 24\,g \approx 10{,}5$ Liter Milch zur Herstellung von 250 g Butter.

5./6. KLASSE
7./8. KLASSE
9./10. KLASSE

Übung 179

a) Alkoholgehalt: $1{,}5\,l \cdot 5\% = 75\,ml$; $75 \cdot 0{,}8\,g = 60\,g$
b) Alkoholgehalt: $1{,}2\,l \cdot 6\% = 72\,ml$; $72 \cdot 0{,}8\,g = 57{,}6\,g$
c) Alkoholgehalt: $0{,}75\,l \cdot 12\% = 90\,ml$; $90 \cdot 0{,}8\,g = 72\,g$
d) Alkoholgehalt: $60\,ml \cdot 25\% = 15\,ml$; $15 \cdot 0{,}8\,g = 12\,g$

Übung 180

a) Bier:
Volumen des Alkohols: $1\,l \cdot 5\% = 50\,ml$
Gewicht des Alkohols: $50 \cdot 0{,}8\,g = 40\,g$

Schnaps:
Volumen des Alkohols: $20\,ml \cdot 40\% = 8\,ml$
Gewicht des Alkohols: $8 \cdot 0{,}8\,g = 6{,}4\,g$
Gewicht der Körperflüssigkeit: $100\,kg \cdot 58\% = 58\,kg$
Blutalkoholkonzentration: $\frac{46{,}4\,g}{58\,000\,g} = 0{,}8\,‰$
Der Mann ist nicht mehr fahrtüchtig.

b) Alkopop pro 0,3 l:
Volumen des Alkohols: $0{,}3\,l \cdot 6\% = 18\,ml$
Gewicht des Alkohols: $18 \cdot 0{,}8\,g = 14{,}4\,g$
Gewicht der Körperflüssigkeit: $56\,kg \cdot 56\% = 31{,}36\,kg$
Blutalkoholkonzentration: $\frac{14{,}4\,g \cdot x}{31\,360\,g} = 0{,}5\,‰$; $x = \frac{31\,360\,g}{14{,}4\,g} \cdot 0{,}5\,‰ \approx 1$
Frau Dullo dürfte also gerade mal 1 Flasche Alkopops trinken, damit sie gerade noch unter der 0,5 ‰-Grenze liegt.

Übung 181

a) Gesucht ist G
$G = \frac{W}{p} \cdot 100\% = \frac{70}{10{,}6} \cdot 100\% \approx 660{,}4$ Mrd. € betrug der Wert aller exportierter Waren.

b) Gesucht ist p %; $p\% = \frac{W}{G} \cdot 100\%$
USA: $\frac{61{,}7}{660{,}4} \cdot 100\% \approx 9{,}3\%$
GB: $\frac{55{,}3}{660{,}4} \cdot 100\% \approx 8{,}4\%$

c) Gesucht ist W; $W = G \cdot p\%$
Belgien: $660{,}4 \cdot 5\% \approx 33$ Mrd. €
Tschechische Republik und Polen: $660{,}4 \cdot 2{,}5\% \approx 16{,}5$ Mrd. €

Übung 182

b) $G = \frac{52\,€}{8} \cdot 100 = 650\,€$ betrug die alte Miete.

c) Familie Saubermann muss jetzt 702 € Miete zahlen.

Übung 183

	Hotel Relax Pur	Hotel Abenteuerland
Erwachsener	609 €	589 €
Erwachsener	609 €	589 €
Kind 2–11 Jahre	$609 \cdot \frac{70}{100} = 426{,}30\,€$	$589 \cdot \frac{80}{100} = 471{,}20\,€$
Kind 12–16 Jahre	$609 \cdot \frac{80}{100} = 487{,}20\,€$	$589 \cdot \frac{80}{100} = 471{,}20\,€$
Endpreis	2131,50 €	2120,40 €

Das Hotel Abenteuerland ist für Familie Maier etwas günstiger.

Übung 184

a) Ratenkaufpreis: $24 \cdot 95\,€ = 2280\,€$

Der Ratenkaufpreis ist also 281 € teurer.

b) $\frac{2280}{1999} \cdot 100 - 100\,\% \approx 14\,\%$

Der Ratenkauf ist also gut 14 % teurer als der Barkauf.

Übung 185

Gameboy-Spiele: $p\,\% = 100 - \frac{5{,}90\,€}{29{,}50\,€} \cdot 100\,\% = 80\,\%$

CDs: $p\,\% = 100 - \frac{5{,}99\,€}{14{,}99\,€} \cdot 100\,\% \approx 60\,\%$

Bücher: $p\,\% = 100 - \frac{5{,}99\,€}{7{,}99\,€} \cdot 100\,\% \approx 25\,\%$

DVDs: $p\,\% = 100 - \frac{22{,}49\,€}{29{,}99\,€} \cdot 100\,\% \approx 25\,\%$

Das Kaufhaus hat nicht alle Preise um 75 % gesenkt; es soll wohl ein Lockangebot sein.

Übung 186

b) Erhöhung um 10 %: 129 € · 1,1 = 141,90 €
Preissenkung um 10 %: 141,90 € · 0,9 = 127,71 €

c) Ersparnis: 129 € − 127,71 € = 1,29 €;

$p\% = \frac{1{,}29\,€}{129\,€} \cdot 100\,\% = 1\,\%$

Tolga spart immerhin 1,29 €, das ist 1 %.

Übung 187

a) $312{,}13\,€ = G \cdot \frac{70}{100} \cdot \frac{98}{100} = G \cdot 0{,}686$

$G = \frac{312{,}13\,€}{0{,}686} = 455\,€$

b) Naja, er hat damit fast Recht. Seine exakte Ersparnis beträgt

$100\,\% - \frac{312{,}13\,€}{455\,€} \cdot 100\,\% = 100\,\% - 68{,}6\,\% = 31{,}4\,\%.$

Übung 188

b)

Land	Medaillen			p%	deine Rangliste	offizielle Rangliste
	G	S	B			
Australien	17	16	16	**≈ 5,27**		4.
China	32	17	14	**≈ 6,78**		2.
Deutschland	14	16	18	**≈ 5,17**		6.
Japan	16	9	12	**≈ 3,98**		5.
Russland	27	27	37	**≈ 9,80**		3.
USA	35	39	29	**≈ 11,09**		1.

Übung 189

$P_1 = P_2$
$P_1 = 80\,\% \cdot G_1 = 40\,\% \cdot G_2 = P_2$
$2 \cdot G_1 = G_2$
Vladimir erhält also doppelt so viel Taschengeld wie Daniel.

Übung 190

Hier findest du jeweils ein Beispiel:

a) Der Preis eines Handys von 199 € wird um 25 % reduziert.
Er kostet jetzt nur noch 149,25 €.

b) Der Ratenkauf eines 2500 € teuren Rollers ist 2,75 % teurer als der Barkauf.
Der Roller kostet bei Ratenzahlung 2568,75 €.

c) Jubiläumspack! In der neuen Knabberpackung sind jetzt 250 g und 20 % mehr Inhalt.
Es sind insgesamt 300 g Knabberspaß in der Packung.

d) Mit dem Auto sind die 15 km Fahrradstrecke zur Schule länger. Es sind 17,5 km.
Das sind $16\frac{2}{3}$ % mehr.

e) Der MP3-Player kostet jetzt 88 €. Das sind 10 % mehr als letztes Jahr.
Letztes Jahr kostete der MP3-Player noch 80 €.

Übung 191

Tipp:

Für das Volumen eines Quaders gilt: V = Länge · Breite · Höhe.

a) $V_{alt} = 40\,cm \cdot 25\,cm \cdot 15\,cm$
$= 15\,000\,cm^3$
$V_{neu} = 15\,000\,cm^3 \cdot 1{,}2$
$= 18\,000\,cm^3$

b) hier 2 Beispiele: 60 cm; 20 cm; 15 cm;
40 cm; 30 cm; 15 cm

c) Für das Würfelvolumen gilt: $V = a \cdot a \cdot a = a^3$.
Für $a^3 = 18\,000\,cm^3$ gibt es in $\mathbb{Q}$ keine Lösung.

Übung 192

a) $V_S = 4375\,cm^3$
$V_M = 10\,500\,cm^3$
$V_L = 15\,000\,cm^3$
$V_{XL} = 30\,000\,cm^3$

M größer als S: $\frac{10\,500}{4375} \cdot 100\,\% = 240\,\%$

L größer als M: $\frac{15\,000}{10\,500} \cdot 100\,\% \approx 143\,\%$

XL größer als L: $\frac{30\,000}{15\,000} \cdot 100\,\% = 200\,\%$

b) Du berechnest die Oberfläche eines Quaders so: $O = 2(ab + bc + ac)$.

$O_S = 1725\,cm^2$
$O_M = 3190\,cm^2$
$O_L = 3950\,cm^2$
$O_{XL} = 6200\,cm^2$

M größer als S: $\frac{3190}{1725} \cdot 100\,\% \approx 185\%$

L größer als M: $\frac{3950}{3190} \cdot 100\,\% \approx 124\,\%$

XL größer als L: $\frac{6200}{3950} \cdot 100\,\% \approx 157\,\%$

Übung 193

$V_{Quader} = 50\,cm \cdot 30\,cm \cdot 60\,cm = 90\,000\,cm^3$

a) $V_{kleiner\ Quader} = 50\,cm \cdot 20\,cm \cdot 30\,cm$
$= 30\,000\,cm^3$

Abfall: $100\,\% - \frac{30\,000}{90\,000} \cdot 100\,\% = 66\frac{2}{3}\%$

b) kleinste Seite: 30 cm
größtmöglicher Würfel:
$V = 30\,cm \cdot 30\,cm \cdot 30\,cm$
$= 27\,000\,cm^3$

Abfall: $100\,\% - \frac{27\,000}{90\,000} \cdot 100\,\% = 70\,\%$

Übung 194

a) Welche Seitenlängen hat das größere Rechteck?
$A_{neu} = A_{alt} \cdot 140\,\% = 14{,}4\,cm^2 \cdot 140\,\%$
$= 20{,}16\,cm^2$

b) Welche Seitenlängen hat das neue Dreieck?
$U_{neu} = U_{alt} \cdot 80\,\% = 15\,cm \cdot 80\,\%$
$= 12\,cm$

c) Welchen Rauminhalt hat der größere Quader?
$V_{neu} = V_{alt} \cdot 120\,\% = 80\,cm^3 \cdot 120\,\%$
$= 96\,cm^3$

d) Um wie viel Prozent muss die andere Seite verkürzt werden?
$A = a \cdot b \cdot 100\,\%$
$= a \cdot x\,\% \cdot b \cdot 125\,\%$
Somit muss gelten: $x\,\% \cdot 125\,\% = 100\,\%$; also $x\,\% = 80\,\%$.
Die andere Seitenlänge muss also um $100\,\% - 80\,\% = 20\,\%$ verkürzt werden.

Übung 195

a) kann nicht weiter gekürzt werden, da es sich um Summen handelt!

b) $\frac{ax + ay}{a(x-y)} = \frac{a(x+y)}{a(x-y)} = \frac{x+y}{x-y}$

c) $\frac{x^2 + 2x}{x} = \frac{x(x+2)}{x} = x + 2$

d) $\frac{2x + 2}{3x + 3} = \frac{2(x+1)}{3(x+1)} = \frac{2}{3}$

e) kann nicht weiter gekürzt werden, da es sich um Summen handelt!

Übung 196

a) $\frac{x^2 + 2x}{x} = \frac{1^2 + 2 \cdot 1}{1} = 3$

b) $\frac{2x + 2}{3x + 3} = \frac{2 \cdot 1 + 2}{3 \cdot 1 + 3} = \frac{4}{6} = \frac{2}{3}$

c) $\frac{x^2 - 1}{x^2 + 1} = \frac{1^2 - 1}{1^2 + 1} = 0$

d) $\frac{x + 2}{x + 3} = \frac{1 + 2}{1 + 3} = \frac{3}{4}$

e) $\frac{1}{x - 2 - 1} = \frac{1}{1 - 2 - 1} = -1 - 1 = -2$

Übung 197

Tipp:

Die Definitionsmenge gibt an, welche Zahlen man für die Variable einsetzen darf. Da man durch Null nicht teilen darf, musst du herausfinden, wann der Nenner eines Bruchterms Null wird.

a) $D = \mathbb{Q} \setminus \{0\}$

b) $D = \mathbb{Q} \setminus \{-1\}$

c) $D = \mathbb{Q}$

d) $D = \mathbb{Q} \setminus \{-3\}$

e) $D = \mathbb{Q} \setminus \{2\}$

Übung 198

Größe/Gesetz	Formel (Größengleichung)	auflösen nach …
Geschwindigkeit	$v = \frac{s}{t}$	$s = v \cdot t$
Beschleunigung	$a = \frac{2s}{t^2}$	$s = \frac{a \cdot t^2}{2}$
Freier Fall	$v = g \cdot t$	$t = \frac{v}{g}$
Kraft	$F = m \cdot a$	$a = \frac{F}{m}$
Flächeninhalt Dreieck	$A = \frac{1}{2} gh$	$h = \frac{2A}{g}$
Umfang Kreis	$u = 2\pi r$	$r = \frac{u}{2\pi}$

Übung 199

a) $\frac{1+2x}{x} = 1$

$1 + 2x = x$

$x = 1;\ L = \{1\}$

b) $\frac{2x+2}{3x+3} = 2$

$2x + 2 = 2 \cdot (3x+3)$

$2x + 2 = 6x + 6$

$-4 = 4x$

$x = -1;$ keine Lösung, da $D = \mathbb{Q} = \{-1\}$

c) $\frac{x^2-1}{x^2+1} = 1$

$x^2 - 1 = x^2 + 1$

$-1 = 1;$ die Gleichung hat keine Lösung

d) $\frac{x+1}{x-3} = 5$

$x + 1 = 5 \cdot (x-3)$

$x + 1 = 5x - 15$

$16 = 4x$

$4 = x;\ L = \{4\}$

e) $\frac{1}{x-2-1} = 3$

$\frac{1}{x-2} = 4$

$1 = 4 \cdot (x-2)$

$1 = 4x - 8$

$9 = 4x$

$\frac{9}{4} = x; \; L = \left\{\frac{9}{4}\right\}$

Übung 200

a) Definitionsmenge: $D = \mathbb{R} \setminus \{0;1\}$
Lösungsmenge: $L = \{-3;2\}$

b) Definitionsmenge: $D = \mathbb{R} \setminus \{2\}$
Lösungsmenge: $L = \{1\}$

200 ... wie in der Schule

ISBN 978-3-12-927276-3

Übersichtlich nach Themen und Klassen gegliedert
→ so findest du schnell die passende Übung

Mit Tipps und Tricks für bessere Noten
→ so verbesserst du schnell deine Note

Mit ausführlichen Lösungen
→ so kannst du dich einfach selbst kontrollieren

Extra: Diktate und Übungen zum Hörverstehen downloaden oder mit QR-Code aufs Handy holen

jeder Band
9,99 €

ISBN 978-3-12-927286-2

ISBN 978-3-12-927285-5

ISBN 978-3-12-927264-0

ISBN 978-3-12-927259-6

ISBN 978-3-12-927277-0

ISBN 978-3-12-927245-9

Diese und weitere Klett-Lernhilfen sind im Buchhandel erhältlich.
Weitere Informationen unter **www.klett.de/lernhilfen**

Der gesamte Lernstoff der Klassen 5 – 10 in einem Buch:

Wissen schneller finden:
mit Quick-Findern – den extra Inhaltsverzeichnissen für jedes Kapitel

Wissen besser speichern:
mit zusätzlichen Lern-Videos zu besonders schwierigen Themen von Sofatutor

NEU: Die erste Lernhilfe mit Lern-Videos online von www.sofatutor.com

Foto: © foto.fritz – Fotolia.com

Im Buchhandel erhältlich.

Weitere Informationen unter www.klett.de/lernhilfen